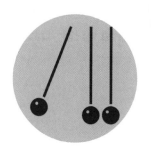

U0167389

# 极简物理

52堂通识速成课

A CRASH
COURSE

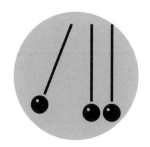

# 极简物理

## 52堂通识速成课

[英]布里安·克莱格 编著

李 强 译

辽宁科学技术出版社
沈 阳

This is the translation edition of *Physics: A Crash Course*, by Brian Clegg

© 2019 Quarto Publishing Plc

© 2022，辽宁科学技术出版社。

著作权合同登记号：第06-2019-196号。

**图书在版编目（CIP）数据**

极简物理：52堂通识速成课／（英）布里安·克莱格
编著；李强译 . —沈阳：辽宁科学技术出版社，2022.10
ISBN 978-7-5591-2601-6

Ⅰ . ①极… Ⅱ . ①布 … ②李… Ⅲ . ①物理学—普
及读物 Ⅳ . ①O4-49

中国版本图书馆CIP数据核字（2022）第135417号

出版发行：辽宁科学技术出版社
　　　　　（地址：沈阳市和平区十一纬路25号　邮编：110003）
印 刷 者：凸版艺彩（东莞）印刷有限公司
经 销 者：各地新华书店
幅面尺寸：180mm×230mm
印　　张：10
字　　数：200千字
出版时间：2022年10月第1版
印刷时间：2022年10月第1次印刷
专业审读：李　伟
责任编辑：闻　通
封面设计：李　彤
版式设计：颖　溢
责任校对：闻　洋

书　　号：ISBN 978-7-5591-2601-6
定　　价：65.00元

联系电话：024-23284740
邮购热线：024-23284502

# 序言

"物理"这个词会唤起每个人不一样的反应。尽管在学校时，画光线图或求解烦人的力学方程，似乎像是一个枯燥乏味且几乎没有意义的练习，但实际上物理学作为最基础的科学，告诉了我们天地万物是如何运行的，从太空火箭、卫星到手机，从电动汽车到核磁共振扫描仪，这些令人激动的技术背后绝大多数都有它的存在。更为绚烂多彩的是，在20世纪，物理学经历重大变革，相对论和量子理论的发展将物理学从类似只有面包和黄油的枯燥乏味餐食，彻底转变为一场光怪陆离、潜能无限的饕餮盛宴。无论是能否成真的时间旅行还是量子远距传动，现代物理学都以其大胆想象指引着人类。

## 创始人物

物理学的基本要素尽管很早就被古代希腊人，尤其是阿基米德所熟知，并在中世纪得到了一定程度的发展，但现代意义上的物理学却始于17世纪早期的伽利略·伽利雷。伽利略的伟大贡献体现在《关于两门新科学的谈话和数学证明》（1638）一书中，该书不但涵盖了力和运动的知识，同时也探讨了一些次要领域，如无穷大的本质等。书中，伽利略通过控制摆锤和滚动球在斜面上下落来阐明物体在重力作用下是如何下落的，并讨论了投射物的运动方式。

与前人相比，伽利略研究方法的显著不同在于其观点是建立在实验基础之上的，既有实验过程，也有理性思考。伽利略的工作中只有少量的数学知识，而他的继任者艾萨克·牛顿则把数字放在了首位。在17世纪末，牛顿用他的运动定律和万有引力定律使物理学成为一门数学科学，他的著作《自然哲学的数学原理》是向近代物理学迈出的巨大一步。

## 总是相对的

就运动定律和万有引力定律而言，牛顿的工作足够精确，可以把我们带到月球上去，直到阿尔伯特·爱因斯坦在20世纪初发现相对论后，牛顿运动定律才不得不被微微修改，以适应在非常高速运动条件下时间和空间之间产生的明显的、出人意料的相互关系。引力方面，牛顿最大的未解之谜：引力

是如何作用到远处物体的，也从爱因斯坦处获得了答案。通过引入时空扭曲的概念，爱因斯坦给我们描绘了这个自然界最弱但也最无处不在的引力的完整形象。

爱因斯坦是第一位真正意义上的媒体科学家，以至于我们总会倾向于把"相对"一词与他联系在一起，然而，不仅有数位同时代者为狭义相对论和广义相对论的提出做出了重大贡献，甚至相对这个概念都可以追溯至伽利略。正是伽利略提出了我们在思考物体运动时经常会问到的问题："相对参考物是什么？"伽利略的相对运动是要确保我们思考运动的背景，他指出对一艘没有窗户、匀速直线行驶的船来说，只通过船舱内的实验是无法判断该船是否在移动的。当你在船上的时候，船的运动并非就如你想象的那样——你也可以认为是水和下面的地球在向后运动。

伽利略的相对运动这一概念可不是什么简单的语言把戏，它对我们理解如何与周围的世界互动有着真正而重要的影响。伽利略的相对运动意味着我们不会被移动的地球落在后面，当两辆汽车正面相撞时，它会提高碰撞速度。如果每辆车以80km/h的速度相对地面行驶，那么它们间将以160km/h的相对速度碰撞。同样，伽利略相对运动也要求飞机迎风起飞，风速增加了机翼上空气的相对速度，使飞机能够以较低的地面速度起飞。爱因斯坦曾经在火车上拿伽利略的相对运动开玩笑说："车站几点来到火车旁边？"

**展开视图**

在牛顿时代，物理学主要关注力和运动，而天文学仍然以希腊式的数学形式存在。然而，随着这门学科构建得越来越清晰，不仅对宇宙的思考会被其纳入考虑的范围，就连其他一些自然现象也因此变得更加清楚明确而被并入物理学的范畴。电和磁的现象自古以来就被人类所熟知，但对它们的研究千百年来却毫无进展。各类磁体之所以能被越来越广泛地应用于罗盘定位之中，这得益于16世纪英国自然哲学家威廉·吉尔伯特提出的地球本身就是一个巨大的磁体，正是这个大磁体使罗盘的指针指向一个特定的方向。吉尔伯特还为此制作了一个精致的被称为terrellae的小磁球来研究该问题。到了18世纪，电成为一个对富人展示的娱乐活动，比如有个名叫"飞行男孩"的游戏，一个年轻人被丝线挂起并带上静电，通过静电吸引来捡起轻巧的物体以及通过指尖产生电火花。

和其他许多科学技术一样，正是在19世纪，电和磁作为物理学的主题出现在人们面前。英国科学家迈克尔·法拉第和美国科学家约瑟夫·亨利等这一时期的物理先驱者，获得了一系列的电磁学发现，并推动了发电机和电动机的发展。他们的工作表明，磁和电并不是彼此孤立存在的，移动磁铁会产生电流，而电流可以用来制造电磁铁。

苏格兰物理学家詹姆斯·克拉克·麦克斯韦把观察到的这些电和磁现象结合在一起，不仅为电磁场这个复合场提供了精确的数学基础，而且还预言了电磁波的存在，并指出如果电磁波存在，则必须以光速传播，从而确立了自然界在一个关键方面的起源。

## 加热

与此同时，作为工业革命动力源的蒸汽机的广泛使用，促使人们需要更多地了解能量与热量。由此，热力学这一物理学中有关热传递和热机部分得以发展并和不同形式的能量被统一成一个概念。

这是开启热力学的理想时机。为了正确地了解正在发生的事情，例如，蒸汽机里发生了什么，就有必要对它的原子组成进行统计。原子，这个最早出现在古希腊时期的概念，在解释化学反应发生的过程中得到再生和改进，同时也被证明对理解物质在加热和冷却时的行为至关重要。

对原子层面上正在发生的事情的详细了解成为物理学家一个新的兴趣，特别是当原子被发现有壳层结构的时候。随着电子和原子核的发现，人们清楚地认识到，物质的本质不仅仅是简单的球形原子，还有更微观的其他粒子。在这个层面上对物质的研究将催生20世纪物理学最大的领域之一：粒子物理学。

**伟大的天才**

　　最后，是时候让最著名的物理学家爱因斯坦现身了。在1905年这个非凡的年份里，爱因斯坦发表了4篇论文，每一篇都值得荣获诺贝尔物理学奖。但更令人称奇的是，他当时甚至还不是一名正式的学者，只是瑞士伯尔尼专利局的一名办事员。

　　体现爱因斯坦非凡成就的这4篇论文，涵盖了20世纪物理学的所有主要发展领域。第一篇论文提供了原子存在的证据（1905年时仍有争议）和对水分子大小的估计。接下来的一篇论文为他赢得了1922年诺贝尔物理学奖，但不是关于相对论的，而是关于一种叫作光电效应的现象，该论文确定了光子的存在，为现代物理学的两大分支之一——量子理论奠定了基础。

　　另外两篇著名的论文是关于相对论的。一篇论文描述了狭义相对论，它展示了空间和时间是如何联系在一起的，并证明了快速移动的物体在时间变慢时会受到怎样的影响，在运动方向上长度会收缩，质量会增加。另一篇论文是狭义相对论论文的一个简短附录，提出了爱因斯坦最著名的方程（尽管在形式上跟现在大家所看到的不一样）：$E=mc^2$。

爱因斯坦在随后的10年里继续发展他的广义相对论，解释了为什么牛顿的万有引力定律是物质扭曲时空的结果，以及时空扭曲下物体如何运动。广义相对论还增加了一些要素，使得对引力行为的预测更加准确，它的公式可以预测从黑洞到宇宙演化方式的一切事物。我们今天所知道的物理学终于在20世纪上半叶形成了。

### 关于本书

本书分为4个部分，共52节。第1部分是物质与光，"物质"的本质一直是哲学家和后来的科学家所感兴趣的。这一部分讲述了物质的原子组成，质量是什么，以及原子是如何聚集在一起形成更大结构的。我们探索了物质可以表现出的不同形式，固体和液体，气体和等离子体，物质及其对应的神秘反物质，以及可能大量存在于宇宙中被称为暗物质的不可见物质。

尽管物质是宇宙的重要组成部分，但光也同样重要。光携带着太阳的能量穿越太空，使地球温暖到足以让生命存在。当讲到第3部分的量子理论时，我们会发现光也是把物质粘在一起的黏合剂。在这一部分，首先，我们探讨了从无线电、红外线到X射线和伽马射线的整个光谱范围。然后，我们再把关注点集中在光常见的特征上，如颜色和反射，以及精细的折射和偏振。最后，我们会发现极快的传播速度才是光最重要的特性。

光是能量的一种形式，这将巧妙地引导我们进入第2部分关于能量和热量的内容。在这一部分，我们看到了能量、功和功率的标准定义，以及它们与其他常用的相近词的不同之处。我们探索不同类型的能量，其中包括动能、势能、化学能和原子能。随着机器的出现，我们还要去观察能量是如何分配的，随后是动能的一种非常特殊的形式，即热量，以及热机在进入高温度之前对热量是如何利用的。绝对零度的极限低温将我们带入本部分的最后两节，热力学定律和熵的本质。

当我们进入第3部分量子理论时，能感受到从19世纪到20世纪物理学有一个明显的转变。起点是麦克斯韦关于电磁学的方程组，这给了我们能量和量子之间的桥梁。我们将理解"量子"的含义，以及年轻的丹麦物理学家尼尔斯·玻尔最终将如何解释原子的作用原理。从这里我们进入量子物理的核心内容，如薛定谔方程和不确定原理。并引出了量子物理学的一些含义，光和物质是如何既可以是粒子又可以是波的，以及原子核存在所需的特殊力。在介绍了粒子物理的标准模型和场的基本概念之后，我们总结了量子物理的两个后期进展：量子电动力学和纠缠。

在最后的第4部分，我们引入了物理学的另一个更大的突破：相对论。为了能更好地理解这部分内容，首先需要有力学的概念，我们从真空空间和运动的本质开始，加入力和加速度并作用在牛顿定律上。此外，在正式进入相对论之前，我们还需要掌握一些摩擦和流体动力学知识。最初，所谓的相对其含义是非常直接明了的，源于伽利略而并非是爱因斯坦的成果。我们引入狭义相对论并借助引力这个概念，拓展到了广义相对论理论。最后，我们讨论了广义相对论的一个重要结论，即黑洞，以及借助广义相对论理论，找到可使物理学家能够模拟整个宇宙的方式。

只通过这52个主题就能使我们从一个原子内部到达宇宙边缘，这正是本书的魔力所在。

### 如何使用本书

本书将物理知识提炼成52个主题，便于读者选择略读还是详读。全书共分4个部分，每个部分包含13个主题，以一组著名物理学家的人物小传和物理学史上关键事件的时间线作为开场。每一部分的引言都是读者在阅读本部分时对将涉及的一些关键概念的概述。

深度探讨部分将更详细地论述主题的某一部分，以提供另一个观察角度或增强理解。

每个主题有三段。

主要概念部分提供理论概述。

焦点部分主要关注重大资料或史料。

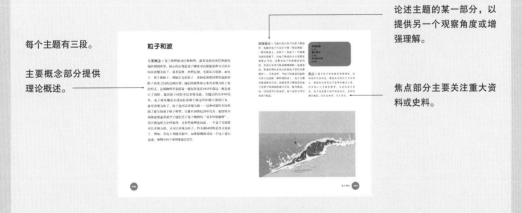

物体和光难道不是相互作用的吗？也就是说，物体能够对光产生发射、反射、折射和弯曲，而光照射在物体上能够产生热量并使对应部分产生热振动。

——牛顿
《光学》（1704）

# 第1部分

## 物质与光

# 引言

　　直到19世纪中叶，物理学的研究内容仍然是力和引力、光、电以及磁，研究对象基本就是物体的各类运动状态外加自然界众多令人感到神秘抽象难理解的现象，至于探索物质的组成则留给了化学家。

　　然而，19世纪的两次重大突破使物理学的研究范围变大了。第一次是关于气体中原子和分子的行为。麦克斯韦和德国物理学家路德维希·玻尔兹曼分别独立研究并创立了统计力学，在统计力学里，气体的行为方式是将之作为大量相互作用粒子的统计集合来进行描述的，这使得利用基本物理学知识来推断由大量粒子组成物质的许多性质成为可能。

　　当20世纪的量子理论（见第3部分，p.80～p.113）揭示了原子的本质和它们独特的结构时，物质成了物理学很重要的一部分。人们明白了不同元素形成化学键的方式完全取决于原子的物理结构。即使是深受学校化学实验室和电视测验喜爱的元素周期表，也不得不显示出原子外层电子分布的结构图。

## 问题的核心

　　物理学的核心目标是寻找并建立最基础和最基本的理论，因此物质的本质是什么已经成为物理学的一个重要研究领域，至于不同化学物质对应的不同性质等此类细节则留给化学家和生物学家。物理学家最喜欢的一个老笑话突出了他们对细节难以置信的忽视和对基本原理的高度关注。

　　一位遗传学家、一位营养学家和一位物理学家正在争论生产完美赛马的最佳方法。遗传学家说："好吧，当然，这是一个育种问题。先获得最佳基因，再选育具有完美血统的个体，如此就会获得理想的结果。"营养学家回答说："我当然接受遗传学的重要性，但最终还是你喂马的东西决定了胜负。"物理学家笑了笑，摇摇头，转过身来在白板上开始写一个方程式，并说道："假设赛马是一个球体……"

　　因此，物质的成分和构成已经成为物理学工作中重要的组成部分。这就是为什么在这一部分里，我们会把物质与另一种截然不同的东西——光联系

在一起。我们谈到物质往往多是指具体和有形的，气体乍一看似乎和光束一样轻柔无力，这份轻视之心直到我们领略过飓风的破坏力之后才有所收敛，要知道飓风也不过是运动的气体而已，其中的关键就是，除光外，所有物质都是有静止质量的。当然，自爱因斯坦的研究成果问世（我们将在第4部分中更详细地讨论）以后，我们对物质和光之间原有的认知区别也开始变得模糊了。我们知道，根据$E=mc^2$的关系，物质的质量（$m$）可以转化为能量（$E$），反之亦然，在这一过程中，能量是以光的形式进行转换的。

## 光与物质的联系

尽管在某种程度上来说，所有的物理现象都存在于我们的日常生活中，但物质和光却基本组成了我们感受到的一切。我们的身体和我们周围的所有物体都是由物质组成的。当对构成物质的原子以及联系它们的化学键有了更深入和本质的研究后，我们就能更好地了解我们周围的一切是如何运作的。

物质似乎能以众多不同的形式显现。据估计，组成宇宙中所有的物质大约需要$10^{80}$个原子，即1后接80个零。但是，所有的这些物质都是由大约100种不同元素的原子依照一定的排列组合而成的，而原子本身又是由一定数量的更基本粒子组成的。

光也远不止是"能让我们看见东西"。大爆炸后所有的光都起源于物质。当物质失去能量时，特别是当电子跃迁至原子周围更低的能级时，就会产生光子。此外，还存在一种看不见的光作为电磁力的载体，这就意味着由物质构成的各物体不会突破界面而径直进入彼此的内部中去。光和物质是密不可分地交织在一起的。

物理学所关注的基本层面是物质由何组成，物质的表现形式，如固体、液体和气体，以及物质中的原子如何相互作用。通过研究光，物理学让我们深刻了解了光是如何从一个地方传到另一个地方的，以及它是如何与物质相互作用的。已故的斯蒂芬·霍金建议我们应该"仰望星空，而不是俯视脚下"——但实际上，物理学鼓励我们两者兼顾。

# 人物小传

## 约翰·道尔顿（1766—1844）

约翰·道尔顿1766年出生于英格兰北部，虽对科学有着浓厚的兴趣，但由于他是贵格会教徒而被禁止从事传统的学术研究，他只好尽力搜集信息以供自学。27岁时开始在曼彻斯特教数学和科学，这种情况持续了7年，直到他所供职的大学陷入财政困难。道尔顿迫于无奈成了一名私人家教，在领取政府养老金之前，家庭教师一直是他的谋生手段。

道尔顿活跃于曼彻斯特文学界和哲学界，有人鼓励他去探索色盲（他自己也是色盲）、天气和气体行为的根源，正是这个最后的研究激励道尔顿去思考化合物的合成方式。

经过多年的努力，直到1803年，道尔顿才最终形成了他的原子特征理论。由称为原子的不同微小粒子组成了各种元素，这些元素再通过独自或相互组合形成了各种物质。道尔顿给出了每种元素的相对重量，使用的设备即使以当时的标准来看也略显粗糙，因此获得的这些数值经常出错，也是在所难免的，但他看待物质的这种独有视角却意义非凡。

## 吉尔伯特·刘易斯（1875—1946）

在物理学界，吉尔伯特·刘易斯因命名光子而被人们铭记，但其实这位美国卓著的化学家在物质结构研究领域也有着巨大的影响力。刘易斯在进入加州大学伯克利分校从事科学研究之前曾在哈佛大学学习。

刘易斯是一位多领域的思考者，他在化学反应中能量变化和酸碱性质方面取得了相当大的成就。他扩展了酸的定义，添加了"刘易斯酸"。他也是第一个生产重水的人，在重水中，氢被氘取代，氘是一种更重的、更稀有的氢同位素，其原子核内有中子和质子各一个。他甚至对相对论也做出过贡献。但他最重要的发现还是在化学键方面。

刘易斯提出了这样一个想法：当原子的外层电子被彼此共享形成共价键后，原子就可以由此连接起来。他虽然被提名41次，但从未获得诺贝尔物理学奖。刘易斯在研究氰化物时死于实验室，尽管在实验室里发现了浓烈的氰化物烟雾，但死亡证明显示死因是心脏病。

## 保罗·阿德里安·莫里斯·狄拉克
### （1902—1984）

保罗·阿德里安·莫里斯·狄拉克出生于英国布里斯托尔，他先在布里斯托尔大学获得了本硕两个学位，然后在剑桥大学取得博士学位。他对物理学最重要的贡献是帮助发展了量子电动力学，即光与物质相互作用的理论，并提出狄拉克方程。

狄拉克方程的重要价值之一是扩展了薛定谔方程对量子系统演化的描述，使之考虑了相对论的影响。此外，该方程最惊人的影响是预言了一种与电子电量相等但电性相反的反电子粒子的存在，而这个后来被称为正电子的粒子很快就被发现了。

狄拉克虽然后来成为剑桥大学的卢卡斯数学教授，但与之前担任这个职位的牛顿一样，他的社交能力非常有限。一个出名的例子是，在一次演讲后的提问中，有听众说他看不懂狄拉克写的东西，但等了很久，不见狄拉克进行解答。当被问到为什么他没有回答这个问题时，狄拉克说："这个听众所说的只是一个陈述，而不是一个问题。"1933年狄拉克和埃尔温·薛定谔共同获得了诺贝尔物理学奖。

## 维拉·鲁宾（1928—2016）

美国天文学家维拉·鲁宾1928年出生于费城。在孩童时代，她就能够亲手制作自己的望远镜了，此后在瓦萨学院学习天文学。除了在康奈尔大学短暂待过一段时间外，她的主要学术生涯是在乔治敦大学和卡内基研究所度过的，主要研究领域是星系的自转。

在研究了许多星系，包括我们的邻居仙女座星系之后，鲁宾发现星系的外围区域旋转的速度和更加靠近中心的恒星的速度一样快。对这个意料之外的观测结果，一个可能的原因是星系外部的质量远远超过了人类之前的想象。更重要的是，若把旋涡星系作为一个整体来看，许多旋涡星系的旋转速度似乎太快了，以至于这些星系应该飞散分离才对。鲁宾的观察结果将是对暗物质存在的有力证据。暗物质是一种未知的物质形式，它们只通过引力相互作用，瑞士天文学家弗里茨·茨威基在20世纪30年代首次提出这一假设，但未引起重视。

鲁宾的工作为她赢得了许多荣誉，但她从未获得诺贝尔物理学奖。她于2016年去世，被誉为天文和物理学领域的女性引路人。

# 时间线
## 原子是什么

?

### 道尔顿的理论
道尔顿根据其20年间对气体和元素进行的实验提出了一套新的原子理论，该理论认为每种元素都是由特定重量的球形原子构成的，而每种化合物中各元素比例又是固定的。

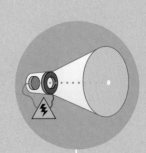

| 公元前5世纪 | 1803年 | 1897年 |

### 希腊模型
古希腊哲学家琉喀波斯和他的学生德谟克利特提出所有物体都是由被称为原子的小粒子组成的物质理论。这个理论之所以被亚里士多德所否认，因为它要求原子之间有真空，而亚里士多德认为这是不可能存在的。亚里斯多德的观点在此后许多世纪都占据着主导地位。

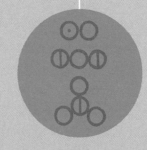

### 电子
英国物理学家约瑟夫·约翰·汤姆森首先意识到阴极射线是通过玻璃管中接近真空的电压产生的带电粒子流，这些带电粒子后来被称为电子，其质量比任何原子都要小很多，从而第一个证明了原子是可以再分割的，而非道尔顿认为的是不可分割的小球。

## 布朗运动

德国物理学家爱因斯坦，在瑞士的伯尔尼专利局担任办事员时研究出了布朗运动的数学模型。 布朗运动是一种悬浮在水中的微小颗粒（如烟尘或真菌孢子）可以像生命体一样在水中不停运动的现象。爱因斯坦发现微粒的这种无规则运动行为源于四周运动的水分子对它的撞击，据此既可以获得水分子的尺寸，又是"原子和分子"存在的一项直接证据。

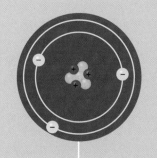

## 玻尔的发现

玻尔建立了氢原子模型，该模型为电子布局在核外空间，不会因电磁吸引而旋进原子核内提供了一种方式。他的研究需要借助量子力学这个新学科的理论。

**1905年**　　**1909年**　　**1913年**

## 原子核

在英国曼彻斯特工作的新西兰物理学家欧内斯特·卢瑟福发现原子并不是约瑟夫·约翰·汤姆森认为的电子均匀分布的球体，而是在原子的中心有一个体积小，但密度很大的带正电的原子核，电子在原子核外的某些区域。

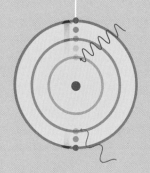

# 原子

**主要概念** | 到19世纪时，源于古希腊的物质是由土、水、气、火4种元素组成的理论已经快要站不住脚了。举例而言，不同的气体实验都表明，空气包含大量不同的物质，如氧、氮、二氧化碳等。为了替代四元素组成理论，原子，这个来自古希腊语的词，本意为"不可切割的"，被道尔顿重新开始使用了。虽然现在我们知道自然界中大约有94种原子（还有一些人造原子），这些原子共同构成了宇宙中所有的物质，但当时仅仅是让人们完全接受原子并非是一种有用的计算工具而是一种物质就整整花了100年时间。虽然原子最初的本意是构成物质不可分割的最小单元，但到了20世纪初，人们已经清楚地认识到原子本身是由更小的部分组成的。原子中心的原子核由带正电荷的质子和电中性的中子组成，而原子的外围是更轻的带负电荷的电子。每种原子都是一种化学元素的基础，元素是不能被分解成更简单成分的物质的，每种元素的原子都包含特定数量的亚原子粒子，这使它有别于其他元素。

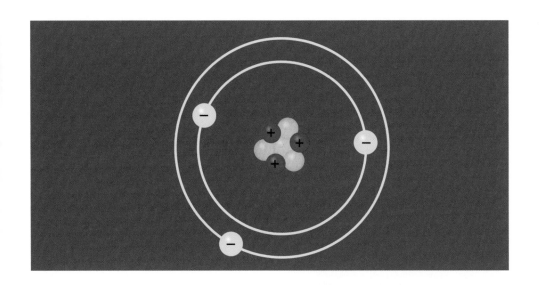

**深度探讨** | 我们常常被告知，在自然界中原子种类是92个，从最轻的氢到最重的铀。大多数较重的原子是不稳定的，它们会发生衰变，生成质量上轻一些的元素。由于原子序数94的钚，已经在太空中被发现，所以它现在更适合作为自然界存在的最重的原子。所有最轻的元素——氢、大部分的氦和少量的锂都被认为是在宇宙大爆炸中产生的，而所有其他一直到铁（26号）的原子都是在恒星的聚变过程中产生的。更重的元素其形成需要更多的能量，所以它们是在恒星碰撞和超新星爆炸中产生的。

**焦点** | 物理学家往往认为他们的学科比化学或生物学更为根本，但当卢瑟福需要为原子的紧密核心取一个名字时，他从生物学中寻找到了灵感，根据组成多细胞生物的每个细胞都有一个被称为细胞核的中央体这一特点，卢瑟福以此把原子的中心命名为原子核。

# 质量

**主要概念丨**"质量"感觉起来很容易，但准确地描述起来就有些难了。直到牛顿时代，质量和重量之间仍然几乎没有什么区别——在日常使用中我们仍然很少去区分它们，但它们是两种完全不同的东西。在这样的时代背景下，牛顿是第一个使用质量这个词的人，他将其定义为"物质的一种量度，值为密度与体积的乘积。"但有人认为这样做陷入了"循环定义"，因为密度通常是用质量来定义的。然而，在本质上，质量定义了一个物体中"填充物"的数量。一个物体的质量是不会改变的，无论它是在地球上，还是在月球上，甚至是在太空中飘浮——装填的物质的数量依旧保持不变。相比之下，重量与所处位置有关，因为它是作用在物体上的重力，所以重量同时取决于物体的质量和所在位置的重力加速度。原则上，一个物体可以有两种不同的质量——产生重量的引力质量和惯性质量，后者表示当它被力作用时，抵抗加速度的能力。当然，这两个质量在数值上看起来总是相同的。

**深度探讨** | 爱因斯坦在他的杰作——广义相对论中假设惯性质量和引力质量是完全相同的。他说这个"最令人高兴的想法"是他坐在瑞士伯尔尼专利局的椅子上想出来的，他设想"如果一个人完全地自由下落，那么他将感觉不到自己的重量。"这个设想是正确的，这就是宇航员在国际空间站上飘浮的原因。国际空间站所处位置的引力强度大约是地面的90%，在轨道上，国际空间站一方面向着地面处于自由落体的状态，一方面绕地球做圆周运动，因为重力充当了圆周运动所需的向心力，所以国际空间站才不会一头撞到地面上去。爱因斯坦的陈述意指惯性质量和引力质量是相同的。

**焦点** | 在国际单位制中质量的单位是kg，如果我的质量是70kg，那么我的重量是686.7N，在月球上，它会达到113.8N。在只有地球引力作用下，我们通常也会用kg来描述重量。相比之下，lb（磅）是美国惯用的重量单位，等效质量单位是很少被使用的slug（斯勒格），而且质量通常也以lb计量。

# 键合

**主要概念** | 单独的原子不足以解释物质的性质，因为每个原子都包含电荷，包括一个带正电的原子核以及核周围运动的带负电的电子。两个或两个以上原子通过电场力彼此吸引在一起的过程称为键合。在该微小尺度上，原子通过键合形成分子，即一种由多个原子构成的基本单位。分子可以由相同的原子组成，如一个氧分子含两个氧原子，或者由不同的原子组成，如水分子由一个氧原子和两个氢原子组成。分子内部的键要么是电子被结合的原子共享形成的共价键，要么就是离子键，即阳离子（失去一个或多个电子后的原子）和阴离子（获得电子后的原子）结合在一起。虽然在气体中，分子彼此独立，无相互作用，但在液体中，带正电的原子核与其他原子内部的电子相互之间的吸引力却可以形成较弱的化学键，这意味着各原子可以松散地结合在一起。在原子彼此相对位置固定不变的固体内，由于强大的化学键使得原子结合紧密，所以在宏观上展现出一定的形态结构。一些固体，称作晶体，原子间相互连接形成了规则重复的晶格结构；其他固体处于无定形态，原子间没有规则的连接形式。

**深度探讨 |** 元素间能否形成化学键取决于原子的电子结构。原子内的电子占据在同心的各"壳层"结构中，每个壳层都有对应的最大容纳电子数。最内的壳层可以容纳2个电子，第2层8个，第3层18个，以此类推。第$n$个壳层中的电子数是$2n^2$个。例如，第4壳层最多容纳32（$2 \times 4^2$）个电子，而第7壳层——这是迄今所知的最大原子的外层极限——可以容纳高达98（$2 \times 7^2$）个电子。由于形成化学键后的电子往往倾向于填满最外壳层，所以，外壳已经填充满电子的元素，比如氦气和氖气等惰性气体，性能稳定，很少形成键，而碳之所以如此形态多变，无处不在，是因为它的外壳层有4个电子和4个空位，碳原子进行结构构筑的方式可以非常灵活。

原子
p.20。
固态和液态
p.26。
量子原子
p.92。

**焦点 |** 正是由于水中氢键的存在，才使得地球上的水以液态存在。在水中，带正电的氢原子核被氧的负电子所吸引，这意味着让水分子彼此间分离形成气体需要额外的能量。如果没有氢键，水将在-70℃左右沸腾，这会导致人类无法居住在地球上。

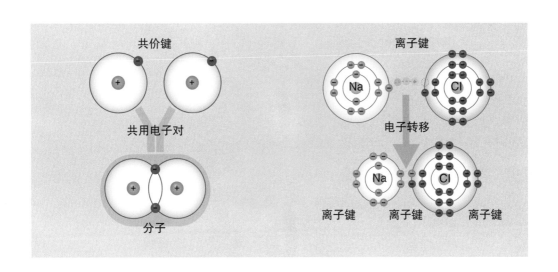

共价键　　　　　　　　　　　离子键

共用电子对

分子　　　　　电子转移

离子键　　离子键　　离子键

# 固态和液态

**主要概念** | 固态和液态是我们最能直接感受到的物质状态。固态通常是物质可以处于的最密集状态，当然也有个别固体（如冰）的密集程度稍低于其最密集的液体形式。此时，晶体内部留有足够大的空间导致其密度减小。由于原子之间稳定的化学键，即使施加外力，固体也会尽可能保持原有的外观不变，当然，若外力过大也是可以产生从弯曲到破裂甚至粉碎的后果的。液体的键相对较弱，在重力下表现为储存容器的形状，而零重力下则为球形。固体的特性往往取决于它们的原子结构和原子在固体中的结合方式。例如，在某些固体中，一些电子能够相对自由地移动，可以通过晶体晶格，从而使该固体具有导电性能，而在其他一些固体中，电子被牢牢束缚在原子内，成为绝缘体。液体也可以是导体，此时，液体内部的离子定向移动形成了电流，例如，纯水是一种很好的绝缘体，但日常的水由于含有离子，所以成了相当不错的导体。

原子
p.20。
键合
p.24。
电磁学
p.88。

**深度探讨** | 固体和液体之间的分界线并不总如它们的命名那样清晰而明显。有些液体内部分子之间具有很强的吸引力，这使得该液体非常黏稠，最明显的例子是沥青。布里斯班沥青滴漏实验，始于1927年，实验装置异常简单，就是把沥青放在漏斗里，然后等待它滴下，但截至目前滴下的沥青只有9滴。此外，还有在压力下改变黏度的所谓非牛顿液体，例如，玉米淀粉悬浊液会在受到压力后变得非常黏稠，而同样情况下，不滴流的油漆会变得更加稀薄。凝胶则最接近于固液混合体，它们是具有柔韧性的固体，虽然大部分是液体，却具有足够的结构来保持完整性。

**焦点** | 玻璃有时被错误地归为一种非常黏稠的液体，但其实它是无定形固体。这或许是由于旧时窗格玻璃底部边缘往往较厚，被误认为是由于液体流动非常缓慢造成的，真实原因是玻璃在当时是很稀有的贵重物品，为了保持稳定性，往往会把最厚的一侧放在窗格底部。

# 气体和等离子体

**主要概念** | 气体和等离子体都是松散的物质集合。在气体中，原子或分子处于正常状态，而等离子体温度要高得多（太阳就是一个等离子体球），因为它是由离子（原子或分子获得或丢失电子而显示电性）组成的。与液体和固体不同，气体和等离子体中的粒子移动速度很快，以至于几乎不受粒子间引力的影响，所以它们会扩散并完全充满整个容器。压强则是大量粒子不断撞击容器壁在宏观上的体现。由于温度是粒子速度的度量，所以压力会随着温度升高而增大，称为盖–吕萨克定律或阿蒙顿定律。在恒定压强下，体积也随温度升高而增大（查理定律），但在恒定温度下的压强与体积成反比变化（玻意耳–马略特定律）——当压缩气体时，体积减小的同时，压强会上升。一般来说，气体都是绝缘体，但等离子体内的带电原子或分子使其可以导电。天空中闪电的行走轨迹其实就是极高电压对云层气体的电离过程。由于等离子体是带电的，因此可以使用电磁场在开放空间下对其进行控制或改变形状。

**深度探讨** | 尽管理论上我们可以通过观测各个原子或分子得到气体或等离子体，但实际中却很难做到。在19世纪，统计力学首次被用来预测气体的行为，有关温度和压力等概念不再是绝对的，而是许多粒子作用的综合统计结果。气体分子在室温下移动迅速，速度约为500m/s。但由于分子间不断碰撞，相邻两次碰撞之间走的直线距离极短，因此，气体分子只能以相对缓慢的速度从一个地方到另一个地方，这就是为什么气味在空气中扩散需要很长时间的原因。

**焦点** | 虽然我们都有把等离子体视为一种少见而剧烈状态的倾向，但实际上宇宙中绝大多数物质都处于等离子体状态。这是因为恒星大部分是等离子体并主导星系的运行，如太阳质量占比太阳系超过99%，各星系之间的空间也散布着大量等离子体。

原子
p.20。
动量和惯性
p.126。
流体动力学
p.134。

# 反物质

**主要概念 |** 反物质听起来虚无缥缈，但它的的确确存在。每种类型的物质粒子都有一个对应的反物质，这些所谓的反物质是指在某些属性方面与常见物质具有相反的值。当某种粒子显示带电特性时，其反粒子就显示带相反电性，例如，正电子（对应于电子的反物质）带正电荷，而反质子则带负电荷。如果粒子未显示电性，它仍然有反粒子，这时是电性之外的其他属性，例如磁性方向发生了反转。正电子是狄拉克在1928年根据理论预测出的，并于1932年由卡尔·安德森实际探测到。反物质粒子比正常物质少得多，少量的反物质粒子可以在核反应中产生，这时我们能从放射线中发现它们。我们很少探测到反物质的原因是当反物质粒子遇到对应的正常物质粒子时，会共同湮灭并把能量以光子的形式释放出来。与之相对应，能量也可以产生物质和反物质对。根据大爆炸理论，早期的宇宙完全由能量组成，这些能量后来转化为物质和反物质。这暗示了在宇宙中反物质的数量和正常物质应该是相等的，至于那些反物质在哪里，就成了一个谜。对比分析了正、反物质相遇后湮灭并释放光子这一现象后，通过对PET（正电子发射断层扫描仪）正电子产生的高能光子研究，在日内瓦附近的欧洲核子研究中心实验室成功实现了反氢原子的制备。在反氢原子中，原子核是一个反质子，核外为一个反电子。

原子
p.20。
核能
p.64。
标准模型
p.106。

**焦点** | 虽然从理论上来讲，利用物质/反物质的湮灭释放的能量是核燃料释放能量的1000倍，但由于反物质同时是世界上最昂贵的物质，所以实际上是行不通的。以最简单的正电子为例，估计每克的成本约为250亿美元，而且目前的年产量仅以百万分之一克来计算。

**深度探讨** | 自大爆炸理论提出以来，宇宙中那些缺失的反物质去哪里了一直困扰着物理学家。没有证据表明附近星系有大量的反物质。如果有，我们应该在星系边界看到反物质与正常物质发生湮灭的景象。假设遥远之处的其他星系是由反物质组成的，这在理论上是可能的，并且它与由正常物质组成的星系在视觉上没有明显差异，但如果正常物质组成的星系与这些反物质星系发生相撞，则该相撞和湮灭是一定能被探测到的。看起来更加可能的一种情况是，自然界存在着某种不对称性，这与粒子物理的当前理论可能相符，这种不对称性导致大爆炸后正常物质比反物质略多，在所有的反物质湮灭后，剩下的正常物质便造就了我们现在的宇宙。

# 暗物质

**主要概念** | 自20世纪30年代以来，人们就发现星系和星系云团旋转速度过快。你可以设想陶轮上的黏土，如果旋转太快就会破碎飞离，同样，如果一个星系旋转得太快，群星之间的引力就无法使它们保持原有的位置不变。根据当前探测到的物质量，很多星系和星系云团看起来旋转速度过快，以至于不可能通过引力将它们聚合在一起。对此现象，最有力的解释是星系中含有大量的未知物质粒子，这些未知物质粒子既不可见，也无法探测，只能通过引力牵引作用获知它们的存在，这种未知物质就是暗物质，是"dunkle Materie"的翻译，由瑞士天文学家弗里茨·兹威基命名，而鲁宾则给出了该物质更多的详细特征。尽管暗物质在星系中的存在可以作为解释它旋转如此之快的理由，但还不能解释所有的引力异常现象以及暗物质粒子为何从未被探测到。一种可能的原因是在处理如此大量的物体时，现有的引力方程需要修正。该种方式最为人所熟知的，莫过于对牛顿动力学的修正，通过修正，尽管牛顿动力学仍无法获得完美的解，但已可以解释绝大多数观察到的物体行为。另一种可能的原因是对星系质量的计算不准确。

**深度探讨** | 关于暗物质的性质，大多数现有理论都假设暗物质是由大量单一类型的粒子组成的。但是，这一假设正受到越来越多的质疑，毕竟，我们都知道正常物质不是基于单一的基本粒子组成的。总体来说，粒子物理学的标准模型包括12种可被认为构成正常物质的基本粒子。所以假设暗物质远没有我们所能观测到的正常物质复杂，这是几乎没有意义的，因为暗物质从未被直接发现过，至于它的构成，或者它是否存在，目前还没有定论。

质量
p.22。
引力
p.140。
广义相对论
p.142。

**焦点** | 假如暗物质存在，那么最令人吃惊之处就是它的数量太多了。据估计，暗物质的质量是宇宙中正常物质的5倍以上。在这个计算中，甚至已知最奇特的物质——黑洞，也是包含在"正常物质"之列的。

# 电磁波谱

**主要概念** | 如果我们考虑构成宇宙的"材料",光和物质是同等重要的,因为以光为形式的能量已经被证明可以与物质互换。几个世纪以来,关于光的本质是什么一直争论不休,直到19世纪,人们才接受光的传播像波一样(后来的量子理论使光的形象更加复杂)。当麦克斯韦在19世纪60年代形成他的电磁理论时,他意识到相互作用的电波和磁波能够自我维持,并以光的速度进行传播。这时人们发现了红外线、紫外线等不可见光,麦克斯韦电磁理论的适用范围进而扩展到整个光谱领域,而不再只限于可见光。19世纪80年代,波谱又加入了波长更长的无线电波,随后的10年,短波长的X射线和伽马射线接连被发现(虽然伽马射线的波长通常比X射线短,但两者的区别方法通常是依靠产生方法。当高能电子击中原子时产生X射线,而伽马射线则来自原子核衰变)。波长越短,它们携带的能量就越大,这使得X射线和伽马射线特别具有危险性。

**深度探讨 |** 麦克斯韦发现电磁波是能够自我维持的。变化的电场产生变化的磁场，变化的磁场再产生变化的电场，依此循环往复，且传播过程中电场和磁场始终相互垂直。以前，人们认为必须有一个充满整个空间的介质，才能使光波从中传输，这跟声波在空气介质中传播很类似。如果空气消失了，我们也就听不到声音了，所以就假定有一种无处不在的、肉眼看不见的、用于光传播的介质，并称之为"以太"，但后来所有验证以太存在的实验都以失败告终了，同时麦克斯韦理论也证明以太是没有必要存在的。

颜色
p.36。
量子
p.90。
粒子和波
p.102。

**焦点 |** 1800年，天文学家威廉·赫歇尔在英国斯劳的家中进行光实验。他用棱镜产生光谱，并选择不同颜色的光照射温度计，发现当光依次从蓝色到红色时，温度都会上升，但当使用红色可见光谱之外的区域照射温度计时，温度依然可以上升，红外辐射就此被偶然发现了。

# 颜色

**主要概念** | 颜色是对进入人眼的光波长的一种解释，但色觉的本质却使我们对颜色的感知变得更加复杂。我们的眼睛并不是只有一种类型的颜色检测器，而是有三种不同的类型，分别对蓝、绿、黄/红最为敏感。最终感知到的颜色取决于这三种检测器的混合，这就使我们可以看到光谱（指太阳光谱，由红、橙、黄、绿、蓝、靛、紫等7种色光构成）上不存在的颜色。例如，光谱中没有品红色，它其实是把绿光剔除后剩余光谱颜色混合而形成的光的颜色。太阳光是相当理想的白光（我们会认为太阳是黄色的，是因为它的许多蓝光在通过大气时散射了，导致看起来变黄了），但其实白光是由所有的光谱颜色组成的。当白光照射一个物体时，该物体通常会重发射（或反射）某些特定波长的光，我们看到的物体的颜色就是该物体不吸收的这些波长的光混合在一起形成的颜色。例如，红苹果可以吸收白光中绝大部分的波长，但只重发射红色的光。光的三基色是红、绿、蓝，而颜料的三基色是吸收了光的三基色后表现出的补色，分别是青、品红和黄。

**深度探讨 |** 牛顿是第一个详细描述光和颜色的人。 在一个非常著名的实验中，牛顿把由墙上小洞引入的阳光照射到一个三棱镜上，获得了不同颜色的光谱。 他再让光谱中的一小部分通过第二个棱镜，根据当时颜色由玻璃来决定的观点，如果该观点正确，则通过第二个棱镜的那一部分光应该再次改变颜色才对，但牛顿发现那部分光的颜色没有改变，因此得出白光包含不同颜色光谱的结论，并通过透镜把不同颜色的光重新合成了白光对自己的结论进行了证实。

电磁波谱
p.34。
反射与折射
p.38。
粒子和波
p.102。

**焦点 |** 我们都可以列出彩虹的7种颜色——红色，橙色，黄色，绿色，蓝色，靛蓝和紫色，但要在光谱中看到这几个颜色却是非常困难的。在现实中，有非常多的不同的颜色，但人眼无法对它们做出区分。将颜色分为传统的7种，做出这一决定的是牛顿，他之所以这么做，可能是为了与A到G的7个音符相对应。

# 反射与折射

**主要概念** | 一个面对光束的反射是最简单的光学过程。如果没有反射，我们就看不到物体。当光反射发生在光滑物体的表面时，如抛光金属面，就会出现我们熟悉的平面镜成像现象。经典物理学认为光的反射和球撞击墙很类似，是一束光被物体表面反弹的过程，入射角等于反射角，但这一描述并没有令人非常满意。现代量子学告诉我们光是不能反弹的，反射涉及的是反射表面的原子对入射光的吸收和重发射。此外，当光照射到透明材料的表面时，还会发生更复杂的情况——折射。在普通材料中，光从光疏介质进入光密介质后，折射光会偏向垂直于界面的方向，例如从空气进入玻璃中，这种现象出现的原因是光在光密介质里面传播速度会变慢，如光在水和玻璃中的传播速度就小于其在空气中的传播速度。折射可以用来解释为什么吸管看起来在进入液面处发生了弯曲以及一杯水呈现出的后面景色全是反转的。此外，在相同介质中不同波长的光其被折射的程度也是不同的，这就是为什么雨滴可以形成彩虹以及棱镜能够产生光谱的原因。

**深度探讨** | 折射中光弯曲的程度是由这两种介质的折射率决定的。所谓介质的折射率是指真空光速与介质光速的比值。例如，玻璃的折射率大约是1.5，而空气的折射率稍大于1。此外，近年来被称作"超材料"的特殊材料被制备出来，其具有负折射率，其折射光线与我们通常预想的情况正好对称，这种效应可以带来异乎寻常的效果，例如，带有常规镜片的显微镜（折射使光线弯曲）只看清大小与波长接近的物体，而更换成超材料透镜后则能看清小得多的物体。

**焦点** | 镜面反转是一种大家熟悉的反射效应。镜中人的形象是左右互换的。但为什么镜中形象是左右互换而不是头脚上下颠倒呢？实际上，它做的是前后互换（竖着拿着一本书，封面在前，但到了镜中就变成了封面在后），之所以会出现"左右互换"的这种感觉，是因为我们简单地认为反转的左手是右手的镜像。

颜色
p.36。
光速
p.44。
粒子和波
p.102。

# 最小作用原理/最短时间原理

**主要概念** ｜ 最小作用原理及与之相关的最短时间原理是自然界基本原理之一，该原理告诉我们大自然也是爱偷懒的。运动的物体会选择最不费力的路线，举例而言，如果你向斜上方抛出一个球，该球会选择平均动能与平均势能之差最小的那条路径作为运动轨迹。根据该原理，我们还可以导出运动定律。17世纪，法国数学家皮埃尔·德·费马提出了一个与之相关的表述，即最短时间原理，有时被称为费马原理。他说光在两点之间所走的路径是一个耗时最短的路径，因此，当光由空气进入传播速度较慢的水中后，相较两点之间的直线，光会选择一条在空气中耗时稍长而水中耗时稍短（总耗时最短）的折线路径。这是一个量子效应——实际运动中，像光子这样的量子粒子会以不同的概率尝试每一条可能的行进路径，每一种可能都可用"概率波"来代表。大多数路径上的概率波会抵消，而耗时最短的那个路径对应的概率波会增强，而这恰恰就是在折射中发生的事情。

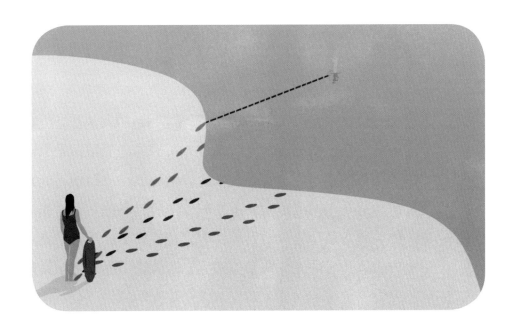

**深度探讨** | 最短时间原理有时还被称为海滩救护原理，这是因为它对海滩救护有现实指导作用。救生员可能都是极出色的游泳健将，但与游泳相比，他们奔跑的速度仍要快很多。当救生员看到有人在水里挣扎，本能反应可能是直接朝着落水点跑去，但其实更好的办法是救生员先跑到海水边缘的某一特殊点，然后再以该点为起点向落水点游去。这一特殊点的确定方法是，沿着海滩从左向右进行比较，海中距离最短的那个起始位置即为该点。这样会使救生员在海滩上奔跑的距离更长，而在水中游泳的距离最短，从而缩短了救生时间。

反射与折射
p.38。
量子电动力学
p.110。
牛顿定律
p.130。

**焦点** | 美国物理学家理查德·费曼在他的博士论文中曾采用最小作用原理来研究量子粒子是如何从A处到B处的。他没有假定量子粒子会以直线的方式从A处到B处，而是认为量子粒子以不同的概率尝试了每一条可能的路径，而这种方式在解释量子行为方面被证明是极为有效的。

# 偏振

**主要概念｜**光由始终互相垂直的电场波和磁场波两部分组成，且这两部分还总是与传播方向垂直，所谓的光的偏振是指电场波振动所在的平面。对普通光来说，电场波在一组随机的平面内振动，这些平面的取向各不相同。但经过某些相互作用后的光，如以布儒斯特角入射后的反射光，往往会产生一个特定的偏振方向，此时的光变成了偏振光，这就是宝丽来太阳镜能过滤阳光中的水平偏振部分，进而减少眩光的原因。有些物质，尤其是被称为冰洲石的方解石，会根据偏振方向将光线折射到两个不同的角度，从而出现物体有两个像的现象，该种机制已在飞机爆炸现场的距离估算中获得应用。到目前为止，偏振在现代的最大应用之处是液晶屏幕。在屏幕中，液晶被夹在两偏振方向相互垂直的偏振片之间。初时两偏振片阻止了任何光线的通过，当有电流通过屏幕的局部区域时，该区域的液晶会旋转光的偏振方向，使光能够通过第二块偏振片，从而实现图像的呈现。

**深度探讨** | 偏振光有两类。一类为简单的"线性"偏振光，例如，由反射或偏振片产生的偏振光中，其偏振方向随光的传播始终保持不变。另一类是随着光向前传播，偏振方向会绕着光传播方向旋转的"圆"偏振光。圆偏振可设置于任意方向，这使得它可以用于3D电影中左右眼图像分离等。圆偏振一般通过特殊的偏振片来获得，但偶尔也能在自然中产生，最显著的例子是某些虫子甲壳的反射光。

电磁波谱
p.34。
电磁能
p.88。
粒子和波
p.102。

**焦点** | 哈佛学生埃德温·兰德对偏振光很着迷。1926年，18岁的他大学休学后，开发了一种材料——在塑料板中嵌入了极小的偏振晶体。该晶体的取向，可完全消除水平偏振方向的光。当这种"偏振"材料定向准确时，它就能消除反射眩光，依靠该技术，兰德创建了他的宝丽来公司。

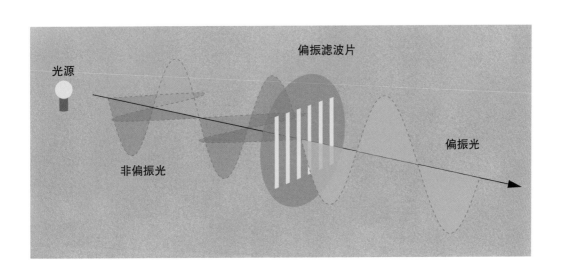

光源

偏振滤波片

非偏振光

偏振光

# 光速

**主要概念** | 长久以来，人们一直对光的传播速度到底是无限快还是非常快争论不休。1676年，丹麦天文学家罗默首次获得光速是有限的证据。罗默希望用木星的卫星作为时钟来帮助海上导航，但他发现了一些奇怪的现象，这些卫星看起来并没有以固定的速度移动，而是在一段时间内减速，然后开始加速。这个时间似乎与地球和木星的相对位置有关。罗默意识到他的测量受到了光到达地球所需要的时间的影响。罗默测量得出的光速约为$2.2 \times 10^6$km/s，相对于约$30 \times 10^6$km/s的实际光速来说，这个首次测量的结果相当不错，因为这种方法需要知道地球到木星卫星的精确距离。19世纪，阿曼德·菲佐以及不久后的让·博科通过使用快速旋转的机械装置确定光速为$2.98 \times 10^6$km/s左右。与大多数自然界的常数不同，我们现在准确地知道光速是因为我们要用它来定义长度单位。光速是299 792 458m/s，因为m的定义就是光在1s传播距离的1/299 792 458。

电磁波谱
p.34。
电磁学
p.88。
狭义相对论
p.138。

**深度探讨 |** 光速是有限的，这对天文学有重大意义。物体离我们越远，光线到达我们的时间就越长，这意味着当我们向太空深处看时，我们看到的是它过去的样子。来自太阳的光到达地球需要8min多一点儿，所以我们看到的太阳其实是8min前的样子。离我们第二近的恒星是比邻星（距离地球约4.2光年），我们看到的大约是该恒星4年前的样子。距离我们最近的星系——仙女座星系，我们看到的其实是该星系250万年前的样子。可探测到的最古老的光来自宇宙微波背景，它已经传播了130亿年。

**焦点 |** 伽利略曾尝试去测量光速。他让助手在晚上提着灯笼登上几英里（mi，1mi=1.61km）高的一座小山，他在山下也拿着灯笼，然后向助手闪了一下灯，助手随即进行回应，通过对发出的闪光和助手回应的闪光进行计时。但测量得到的时间，与助手只是相隔几步远时的时间是一样的——因为他们只是测量出了两人的反应时间。

如果你的理论被发现与热力学第二定律相悖，我无法给你任何希望，除了在最深的羞辱中将其撕碎，它毫无价值。

——亚瑟·艾丁顿
《物质世界的本质》（1928）

# 第2部分

## 能量与热量

# 引言

能量是一个大家都知道但却很难准确描述或严格定义的模糊概念。

垃圾邮件所热衷的一个话题就是，只要收件人购买了某自发电设备的平面图，将会由此获得免费的电能，通常我们还会被告知该自发电设备是发明家尼古拉·特斯拉（1856—1943）的工作成果，虽然该成果曾备受大型能源企业的重重阻挠，但现在已经能够买得到了。其实这类所谓免费获得电能的设备应该被归属于永动机，这些不可思议（实际上也是不可能的）的发明被认为可以输出比输入还多的能量。通过对所谓的"永动机"的了解，有助于我们更加深刻洞悉能量的本质。

对于一台没有外部能源供给却能永远运行的机器来说，它将不得不"凭空生成"能量，因为现实中没有机器可以达到100%的效率。例如，由于摩擦和空气阻力的存在，能量常会以热的形式被不可避免地耗散掉一些。所以可以非常遗憾地说，对许多永动机的发明者而言，他们的设备违反了物理学基本定律——系统能量守恒：能量无法被创造或销毁，只能在不同的形式之间进行转换。

## 零点能

传统上，这些发明家要么忽略了能量守恒问题，要么声称能量守恒根本不存在。随着量子物理的发展，这些发明家现在更喜欢使用"零点能"来解释这类机器。好消息是零点能确实存在。量子物理的不确定性原理告诉我们在极短的时间内，真空空间的能量也可以有很大的变化。因此，一般而言，即使是真空也有能量——这就是零点能。

所以，这些设备卖家会鼓吹他们可以以某种方式利用零点能来驱动其设备工作。要识破他们的骗局，其实非常简单，我们没必要因为完全不清楚他们机器里的磁铁和线圈是如何提供这种量子能量而担忧，因为即使有相匹配的机械装置，利用零点能来驱动也是不可能的。

根据定义，零点能是系统中可能的最低能量状态，这就使得使用零点能变得不切实际。了解为什么会出现这种情况，我们就能从根本上懂得什么是能量，以及如何使用能量。

### 势能

利用零点能的问题在于，要利用该能量——使它对外做功——我们需要能够达到一个更低的能量状态，也就是要通过降低的方式使能量展现出来。我们来思考一些例子，想象一下你拿块大石头站在山顶，这块大石头就具有所谓的"势能"，因为如果你放开它，重力会把它拉下山，在下落加速运动的过程中，它将获得动能，这意味着它可以撞击某物并做功（此处做功具有破坏性）。一个更正面一些的类似例子是沿山而下的流水可以带动水轮机或涡轮来做功。

然而，让我们稍微改变一下画面，仍然是相同高度的山顶，大石头也有相同势能，但这一次，山顶四周被一片高地所包围。放开大石头后什么也不会发生。我们无法从势能中得到功是因为大石头没有办法到达势能更低的地方。

同样的情况也适用于螺旋弹簧，这是势能的另一种形式（弹性势能）。弹簧只有在能够展开到势能更低的位置时才能做功。如果你对弹簧进行约束，使它无法展开，或者它已经被拉伸到最长了，无法进一步展开，它就无法做功。或者想想电池，一种化学能源，只有在有电的情况下才能使用，如果电池不能达到更低的有电状态对应更低的能量状态，那么它就没有用，这便是电池没电了。

### 了解能量

所以，让我们返回到先前的自发电设备话题，我们遇到的其实是同样的问题，即使这些设备可以接入空间的零点能，但由于没有比零点能更低的能量状态，这份能量也就无法对外做功，就像使用没电的电池或空油箱一样。无法实现更低的能量状态，一切只会徒劳无功。

做功涉及能量的转移或转化，在认识到热是能量的另一种表现形式之前，人们对能量转移转化过程中发生的事情无法做到全面理解，直至19世纪，热都被认为是一种流体，会从温度高的物体流到温度低的物体上。但人们渴望对蒸汽机机制有更好的理解，这引发了热力学（关于热的运动的学科）领域的重大变革。能量成为物理学最重要的方面之一。

# 人物小传

### 开尔文爵士（威廉·汤姆森）（1824—1907）

苏格兰物理学家威廉·汤姆森，既是一名发明家和科学家，也是一名致力于解决横跨大西洋电缆铺设问题的理论物理学家。开尔文于1824年出生于贝尔法斯特，之后在剑桥大学求学5年，年仅22岁就成为格拉斯哥大学的自然哲学教授，并在那里工作了一生。

开尔文作为物理学家最大的贡献是在热力学方面。尽管热力学的最初目的是改良蒸汽机，但后来这一学科却被证实是物理学的一个重要基础部分。开尔文帮助建立了热力学第一定律和第二定律，这两个定律分别描述了能量的守恒以及当能量从一个区域传递到另一区域时会发生什么。

开尔文是汤姆森于1892年成为贵族时获得的名字，如今作为一个标准科学单位而被熟知。开尔文（K）是绝对温标下的温度单位，这是对开尔文早期估算绝对零度值所做贡献的认可。尽管开尔文的理论贡献不如同时代的麦克斯韦多，但他在将物理学确立为一门学科方面发挥了重要作用。

### 詹姆斯·普雷斯科特·焦耳（1818—1889）

很难说1818年出生在英格兰索尔福德的英国科学家詹姆斯·普雷斯科特·焦耳到底是一个对物理感兴趣的啤酒商，还是碰巧拥有一个啤酒厂的物理学家。焦耳从未上过大学，但曾受过道尔顿的指导。他对能量的兴趣来自在酿酒厂使用蒸汽机还是使用电动机的抉择，在这个过程中，他还发现了电流、电阻和放出的热量三者之间的关系。

他对热量的研究有助于推翻"热质说"，该理论认为热量是一种看不见的流体，会从较热的物体流向较冷的物体。焦耳的研究首次使我们认识到热量只是能量的另外一种表现形式。焦耳提出了"热功当量"的概念，表明产生的热量与生热所做的功是相等的。

焦耳还在绝对温标的研究方面与开尔文展开过合作。和开尔文一样，焦耳也有一个以他的名字——焦耳（J）命名的科学单位，就是现在能量的单位。焦耳于1889年在塞尔镇逝世，享年70岁。虽然最初的焦耳啤酒厂在20世纪70年代被拆除，但一个新的啤酒厂沿用了这个品牌，并在2010年开业。

## 萨迪·卡诺（1796—1832)

法国物理学家萨迪·卡诺是热力学概念的早期贡献者之一，而热力学是物理学在能量与热量方面的核心。卡诺于1796年出生在巴黎，巴黎军事理工大学毕业后，在军队服役了四年，然后在军事总参谋部任职，这意味着他要随时待命又可以无拘无束地致力于自己的兴趣研究。

当时，蒸汽机的作用才刚刚被重视，通过几年对蒸汽机的理论以及如何改进和提高性能进行研究后，他的《论火的动力》一书在1824年出版了，自此之后对蒸汽机的改进成为一个整体的系统性研究。卡诺提炼出了在蒸汽机背后的基础理论，并证明了简化后的理想热机（也称作卡诺循环）其效率取决于锅炉的热端与冷凝器的冷端之间的温度差。

1828年卡诺从军队退役，1832年感染传染病被送往救济所，同年因患霍乱在巴黎去世，年仅36岁。

## 路德维希·玻尔兹曼（1844—1906）

路德维希·玻尔兹曼和麦克斯韦一起，通过使用统计的方法对原子行为进行分析，共同奠定了描述物质，尤其是气体行为的统计力学。玻尔兹曼生于1844年的维也纳，就读于维也纳大学，并在不少德语大学中任教。

在当时，很少有科学家承认原子的存在，但玻尔兹曼设法使用数学的方式，通过一组原子或分子的行为，包括分子间的相互作用和它们与环境间的相互作用，来呈现所看到的气体行为。作为该项工作的一部分，他发展了热力学第二定律的一种新解释，即热量总是从高温物体向低温物体进行传递。从统计学上看，这意味着原子中的无序程度——熵总是在增加。玻尔兹曼发展了熵与一种原子（或其他组成成分）可能填充态的数量之间的简单关系。玻尔兹曼于1906年自缢身亡，享年62岁。他提出的熵公式铭刻在了他的墓碑上。

# 时间线
## 能量知识大事表

### 蒸汽机
英国工程师托马斯·纽克曼发明了一种实用的空气蒸汽机，主要应用于采矿业的抽运操作。同世纪后期的1781年，苏格兰工程师詹姆斯·瓦特获得了第一台实用旋转式蒸汽机专利，使移动蒸汽机成为可能。

### 电动机
法拉第结合当时所有的电磁研究成果，制造了一个简单的电动机，并在1831年建造了第一台发电机，使电力使用走进现实。

---

**公元前3世纪** ● **1712年** ● **1800年** ● **1821年**

---

### 基础机械
古希腊哲学家阿基米德阐明基本机械的运行可在体力倍增的同时，实现能量的传递，他还设计了包括皮带滑轮组在内的很多新型机械。

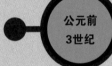

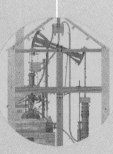

### 伏打电池
意大利科学家亚历山德罗·伏打发明了这种电池。这些电池经常连接在一起，组成"电池组"，使得从静电学的研究发展到电流成为可能，而电流将会应用在所有的电气应用中。

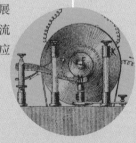

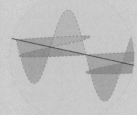

**汽车动力**

德国工程师尼古拉·奥托制成了第一台高效的汽油发动机。随后德国工程师鲁道夫·迪塞尔改进了柴油机并在1895年获得专利，这些内燃机将成为20世纪交通运输的基本动力来源。

**核能**

由意大利物理学家恩利克·费米领导的一个团队在芝加哥建造了第一个可自我维持的核反应堆。虽然该反应堆建造的目标主要是为原子弹计划来生产材料，但它将是人类从核反应中获得能量的起点。

**1864年** **1876年** **1878年** **1942年**

**光波**

麦克斯韦向皇家学会提交了他的电磁学方程组。这些方程描述了电和磁的所有相互作用，不仅为法拉第的研究提供了理论基础，还表明光其实是一种电磁波。

**水力**

英国实业家威廉·阿姆斯特朗在峭壁庄园引入了第一座水电站。6年后，爱尔兰工程师查尔斯·帕森斯发明了蒸汽涡轮机，由此彻底改变了发电方式，直到今天蒸汽涡轮机仍被广泛应用于各类发电厂中。

# 功和能

**主要概念** | 能量是一种可以产生变化的自然现象。它可以以不同的形式被积累和存储，然后再用来使某事发生。能量无法凭空产生，而只能从一种形式转换成另一种形式。能量有各种各样的表现形式。势能通常是通过物理作用得以储存于某个地方，然后再进行释放。因此，举个例子来说，山顶之上的石头或水拥有势能，当其滑下山坡时势能就会发生转化。类似的，一个压紧的弹簧也存储势能。能量也可以储存在原子键（这种势能被称为化学能）和原子核的键中。还有另一类能量类型属于动能的范畴。如果说势能是储存于某个固定位置的能量，那么动能就是运动状态下的能量。当一个快速移动的物体撞击并将能量传递给我们时，我们就能明显地感受到这一点。此外，热也是一种动能，它涉及组成物质的原子的运动。电能则是势能（例如电池）和定向移动形成电流的电子动能的组合，除上述之外，能量还包括电磁能，其最常见的形式便是光。在物理学中，"功"一词简言之就是从一个位置转移到另一个位置的能量。

键合
p.24。
热
p.68。
狭义相对论
p.138。

**深度探讨** | 我们会说到"能量损失"，但实际上我们的意思是能量从一个地方转移到了另一个地方，或是转化成为不同的形式。热力学第一定律指出，一个封闭系统中的能量总是守恒的。宇宙是最完全的封闭系统，因为没有能量可以进入或流出，但物理学家为了更好地理解某些特定现象，会人为地定义各种各样的封闭系统。现实中能量守恒并不总是那么明显，因为我们可能不会觉察到诸如动能正在由于摩擦的存在而转化为热能这类现象的发生。20世纪，爱因斯坦证明了质量与能量二者之间可以进行相互转化，因此严格地说应该是质量/能量守恒。也许能量守恒最为吊诡的一面，是那些看似"封闭"的系统，在这样的系统中我们能够从外部获取能量，如受太阳加热的地球，它就不是一个真正的封闭系统。

**焦点** | 尽管科学家现在进行能量测量时以焦耳作为单位，但很长一段时间以来，最常用到的单位却是卡路里（calorie），而更增混淆的是，食品包装上常写的是Calorie（以大写字母C开头，中国国内多称之为大卡），而实际上却是1000卡路里（calorie），即1000卡。1卡等于4.184J。此外，我们的电费账单是以千瓦时为单位的，1kW·h等于360万J。

# 功率

**主要概念** | 我们在日常生活中偶尔会恰当地使用"功率"一词（如谈到汽车引擎的功率时），但更经常被错用作能量的一个同义词。我们说某人富有能力（能力与功率在英语中都是power一词）时，意思是他们能够做到某些事情。但是在物理学中，功率是指每秒传输能量的数量，即做功的速率。如果每秒传输了1J能量，其功率就是1W（瓦特），该单位以苏格兰工程师詹姆斯·瓦特的名字命名。电力公司会使用"千瓦时"一词，他们笨拙地将能量的单位称作为"能量除以时间再乘以时间"。当不是特指的功率供给时，我们经常是在机械功的语境下谈论功率，此时，能量可以由施加的力乘以在该力作用下物体移动的距离算出，因此，功率就变成了力乘以每秒所移动的距离，或是力乘以速度。当描述发动机功率时，我们很少使用瓦特，而是更习惯使用另一个更早的单位——马力，1马力大约等于0.75kW。汽车的输出功率通常用制动马力来表示，这是发动机通过机械部件进行功率传输，使车辆真正移动起来之前的标称功率。

**深度探讨** | 储存在燃料（或动力源）中的总能量以及对应的输出功率这两个数值都具有重要意义。每千克燃料所含有的能量称为能量密度，例如，通过对比该值，我们知道了煤油要比锂离子电池为飞机提供更多的能量，因为煤油的能量密度是后者的100倍，这意味着替代1t煤油需要100t电池。但当我们考虑如何使用燃料时，输出功率就变得更加重要。虽然汽油的能量密度是TNT的15倍，但是TNT释放能量的速度却要比汽油快得多，所以TNT是一种更为理想的爆炸物。

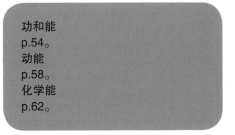

功和能
p.54。
动能
p.58。
化学能
p.62。

**焦点** | 现代功率单位以瓦特的名字命名是非常合适的，因为他正是最早的功率单位马力的设计者。当时正值蒸汽机开始取代马匹之时，而瓦特想要的是一种能够对蒸汽机和马匹进行比较的简便方法。为了公平起见，1马力相当于一匹马持续稳定的输出能力，而非马的最大输出。

# 动能

**主要概念** | 动能（kinetic energy）中的kinetic一词源于希腊语，意为"正在运动的"——动能也就是运动的能量。动能是使物体运动所需要的能量，也是运动物体被阻挡时所传递的能量。动能对我们理解从小到气体中的原子运动大到整个星系的运动都是极有帮助的。物体的动能等于物体的质量与其速率平方乘积的一半——$1/2mv^2$（速率表示在某一特定方向上运动的快慢，即速度的大小）。因为动能正比于速率的平方，所以速率的改变直接影响运动物体的动能。这就是为什么在高楼林立的地方，把车速从30mi/h降低到20mi/h对减少事故会有显著效果的原因。30mi/h和20mi/h对应的动能之比是9：4，换句话说，当速度从20mi/h增加到30mi/h时，汽车的动能增加了一倍还多。为了给一个运动的物体提供动能，我们需要从其他地方获取能量。该能量可能源自化学能，比如子弹壳内的爆炸物、汽车燃料，或者掷球时人的身体，或者是势能，如滚下山时的岩石。当物体减速时，动能通常转化为热量，例如汽车刹车。

**深度探讨** | 过山车就是一个势能转化为动能或者动能转化为势能的完美例子。车被拉到陡坡顶部时，在此处具有很大的势能却几乎没有动能。一旦车被释放，它会沿着斜坡向下运动，在下滑的过程中，不断地将势能转化为动能。该过程中车在重力作用下加速，其动能随速率的平方而增加，动能在坡底处达到峰值；一旦车开始向上爬坡，动能就会转化成势能，同时，车开始减速。

气体和等离子体
p.28。
势能
p.60。
化学能
p.62。

**焦点** | 当两个物体正面碰撞并停止时，看起来它们的动能凭空消失了，但能量是守恒的，动能必定有所去处。如果两个物体能够保持完好无损，则所有的动能将会变成声音和热量而散失。如果发生碰撞的是两辆车，且车辆被设计成可发生扭曲变形，则车辆内的金属结构将吸收一定比例的动能并发生变形，以减少这些动能对车内乘客造成的伤害。

# 势能

**主要概念 |** 动能完全来自运动，势能则是物体所在位置或物质结构内部所储存的能量。势能最常用的例子是由重力引起的，即当物体离开地面或被带到高处时。物体在返回较低点的过程中就能把势能转化为动能。与上述的简单过程相比，现实生活中对势能的利用方式要多得多，其中，最常见的是原子或分子的键能以及原子核内的核能。严格地说，化学能就是一种势能，当化学键断裂时，化学键中的能量可以被释放出来。这种基于"键"的势能类型还适用于弹簧的张力。当一个卷簧上紧发条或一个普通的弹簧被拉紧时，金属中的键就被拉紧。当弹簧释放后，势能转化为动能和热量，金属中储能的键也恢复到初始状态。钟摆与弹簧的不同之处在于当摆锤在最高点和最低点之间来回摆动时，其势能和动能也在不断地发生相互转换。

**深度探讨** | 在原子核中存在着一种极其强大的势能。原子核中的质子带正电，而且彼此排斥，让质子靠得足够近形成一个原子核需要相当多的能量，这些能量会形成质子间的强核力键。如果这个键能被打破，导致原子核分裂或者发生裂变，这些形成原子核的结合能量就会以光和热的形式释放出来，这就是常规核能的来源，它既可用在核电站的反应堆中，又可为核裂变武器提供必需的能量。

键合
p.24。
反物质
p.30。
动能
p.58。

**焦点** | 与弹簧不同，橡皮筋不会通过拉伸分子键来储存势能。橡胶是由长分子组成的，这些长分子间天然就充满了扭结。拉伸橡皮筋会将这些扭结部分拉直，由于热能的作用，分子会发生无规则运动，因此导致的分子间碰撞会使扭结恢复原位，宏观上看就是原本被拉长的橡皮筋又被缩短了。

# 化学能

**主要概念** | 化学能是最早被人类利用的自然能源，是打破原子间的电磁键后释放的能量。生火是一种将化学能转化为光和热的化学反应。火的使用对人类影响深远，不仅改变了人类在夜间和冬季取暖的方式，也改变了人类烹饪的方式，使食物更卫生，营养更易吸收。食物是人体化学能的来源，通过呼吸作用消耗该化学能以维持我们的生命。自从使用火以来，化学能在交通、发电和战争中发挥了巨大作用。长链碳分子的化学键分解所释放的热量已经无处不在，首先来自蒸汽机和发电中的煤，然后是从石油中提炼出来的用于驱动汽车的汽油以及柴油和煤油，另外，还有用于家庭供暖和发电的天然气。在战争中，火药和更强力的爆炸物，利用某些碳化合物键高能量密度和快速释放的特点，来推进子弹和炮弹。现在我们正逐渐远离矿石类燃料，这意味着我们对人体外化学能的依赖在减少，但可能的情况是在接下来的数十年中，化学能仍将是人类文明发展必需的能量来源。

**深度探讨** | 虽然化学能的实际应用集中在能量的释放上，但许多化学反应需要吸收能量才能发生，并把吸收的能量储存在化学键中。当释放的能量大于吸收储存的能量时，反应就会释放能量。例如，当石油中的碳氢化合物分子燃烧时，碳氢键就会断裂，氧和碳以及氧和氢之间就会形成键，从而形成二氧化碳和水分子。生成这两种新化学键需要吸收的能量少于碳氢键释放的能量时，最终的结果是，伴随着储存较少化学能的新物质产生的同时，多出来的剩余能量转化为热量并被释放出来。

**焦点** | 我们都是行走的"化学能工厂"。在呼吸过程中，食物中的化学成分在氧气的作用下被分解，释放出化学能。但与燃烧生热不同，人体内的线粒体（可能曾经是自由生存的细菌）细胞捕获和储存这些能量于三磷酸腺苷的化学键中，供细胞将来使用。

原子
p.20。
键合
p.24。
势能
p.60。

# 核能

**主要概念 |** 跟分子内各原子间的化学键可以储存势能相类似，组成原子核的各部分彼此之间构成的键同样也可以储存势能。根据元素种类的不同，可能通过破坏这些键（核裂变）或者形成新的低能量的键（核聚变）来释放能量。目前核裂变被广泛用于世界各地的核电站。虽然非常重的元素原子可以自发产生核裂变，但更常见的核裂变首先是从一个重原子核吸收一个中子开始的，然后产生一个极为不稳定的原子核，这个不稳定的原子核随后会再分成两个核，通常还伴随着释放多个中子。键能的损失以热（动能）和高能射线如伽马射线的形式释放出。在核反应堆（和原子弹）的核裂变过程中，一个原子核裂变产生的中子，会促使其他原子核发生裂变，进而产生更多的中子，引发链式反应，使整个过程加速。相比之下的核聚变，这个也是太阳的能量来源，就很难产生，只有当轻元素的原子核，如氘（氢的一个同位素）核，在极高的温度和压力下碰撞并结合到一起时才能发生。核聚变可以产生能量的原因在于最终生成的原子核能量少于反应前的两个氘核的能量。

**深度探讨 |** 核聚变有潜力成为未来主要的能量来源。在某种意义上它已经是了，因为太阳的核聚变已间接地为我们提供了大部分的能量。最近这几十年，关于利用核聚变来发电的研究已有很多，核聚变发电站使用很容易得到的氢的同位素——氘作为燃料，既避免了危险废弃物的产生，还不会像裂变反应堆那样有发生熔毁的潜在风险。不幸的是，保持核聚变反应持续进行是极为困难的，但下一代的聚变反应堆，包括美国的激光聚变装置和欧洲的ITER反应堆，预期将接近于使核聚变发电站实现实用化。

**焦点 |** 奥地利物理学家莉泽·迈特纳致力于通过轰击原子核来制备超重元素，但几经尝试，均以失败告终。当德国科学家奥托·哈恩通过相同方式成功实现核裂变时，迈特纳意识到了自己的问题所在，并在她的外甥奥托·弗里施的辅助下，提出了第一个关于核裂变如何发生的理论。1939年，由于犹太身份的缘故，迈特纳逃离了德国并在瑞典重新开始了她的研究工作。

# 机械

**主要概念** | 所谓的机械（或者机器，都是machine一词）就是通过使用一定的动力来使某种事物产生的设备。最简单的机械，几乎没有几个部件，但依然能够实现这一目标。阿基米德认定了三种机械，分别是杠杆、滑轮和螺丝，到了16世纪，楔形物、斜面、滚轮也加入机械的行列之中。从那时起，各种越来越复杂的设备开始使用机械这个词，并类推到计算机等产品上（例如，美国最大的计算机行业组织——计算机协会在命名中就使用了该词）。机械在自然界中也很常见。有时，机械的作用是力的重新定向，这在很多简单机械的使用中获得了清晰的呈现。还有一些机械能把能量从一种形式转换成另一种形式。想象一下发电厂，它先把热能转化为涡轮的转动动能，然后再用发电机将转动动能转化为电能。从自动织布机到蒸汽机，这些新机械的发明就是工业革命背后的驱动力。反过来，为了制造更好的机械又促使了热力学物理的发展。研究热力学的最初想法就是改进蒸汽机，这为理解热提供了必要条件。热力学第二定律告诉我们，所有的机械在工作中，以热的形式损失一定的能量是不可避免的，所以能量是无法被完全充分利用的。

**深度探讨** | "自然机械"听起来像是一种矛盾修饰法，但实际上所有的生物有机体都包含有担当机械作用的部分。在细胞水平上，担当机械作用去执行任务的是一些由化学能或电能驱动的复杂分子，通常这些分子是蛋白质，负责制造生命所需的物质，还需起到将其再次分解的作用。在此类机械职能的实施上，还需要其他类型的蛋白质，例如，驱动肌肉这个最复杂的生物机械运动就需要某些特定的蛋白质参与。有些细菌身上有一根被称为鞭毛的细丝，通过像螺旋桨一样旋转该细丝，细菌就可以被推着前进，细菌的移动实际上不就是在一个"旋转马达"的驱动下完成的吗？

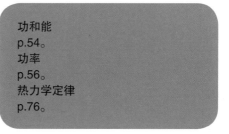

功和能
p.54。
功率
p.56。
热力学定律
p.76。

**焦点** | 世界最大机械的桂冠属于欧洲核子研究组织（CERN）的大型强子对撞机（LHC），日内瓦附近的欧洲粒子物理实验室就是以之为基础建立起来的。该对撞机配有一个位于法国和瑞士边界下总长27km的环形隧道，此外还包括10 000块超导磁体和7个探测器，其中一个探测器是有房屋大小、质量达14 000t的CMS探测器。

# 热

**主要概念丨**揭开热的神秘面纱，是我们对于能量的理解最为重要的进展之一。曾有一段时间，当时关于热的最佳理论认为热是一种实体物质，称作"热质"，会从热处流动到冷处。但后来的研究清楚表明热不过是物质中原子和分子的动能。这些原子和分子运动越快，能量越大，热量就越多。通常，但并不总是，当热量从一个物体转移到另一个物体时，它会导致受体原子和分子运动加快，理解这一点对于19世纪的蒸汽机改良至关重要。对热的本质理解产生困惑的原因是热有三种不同的传递方式：两个接触的物体通过原子间碰撞来传递热，称为传导；通过中间流体（通常是空气）把热量从一个地方带到另一个地方，称为对流；能量以红外线形式（一种不可见的电磁辐射）从一个地方传到另一个地方，称为热辐射。热源原子产生光子，这些携带能量的光子甚至可以穿越太空，并最终使吸收该光子的原子能量增大。

**深度探讨** | 热传递令人困惑的一面是当热量从一处传递到另一处时，并不总是导致受热物体温度（温度是分子能量的一种度量）升高。例如，当你把水加热到100℃后，即使继续加热，温度也会在一段时间内停止上升。同样的情况也发生在固体的熔点上。这是因为温度达到熔点和沸点时，热量被用于了断裂化学键，而不是转化为分子动能，这被称为"（相变）潜热"过程，化学键断裂中断了温度的上升。

**焦点** | 焦耳通过一系列实验证明热量与通过机械做功方式生热所消耗的能量相等。他最著名的实验是通过重物在重力作用下下降（这样重力做功的数值就是已知的）来带动装水绝热容器内的叶片转动。随着叶片搅动，水温上升，通过测量水的最终温度，得到水在这一过程中获得的热量，焦耳发现前后两数值相当，此即为"热功当量"。

原子
p.20。
动能
p.58。
热机
p.70。

# 热机

**主要概念** | 在越来越多使用电力的今天，包括蒸汽机和内燃机在内的热机概念似乎已经过时了，但热机曾在工业革命以及改善我们生活中发挥了巨大的作用。在发明热机之前，人类可用来做功的力仅限于人力和畜力，再加上水车和风车。虽然现在热机已经从我们的身边消失了，但它仍然可能以一些特别的模式在发电机组中继续发挥作用。它们可以从地热到太阳能，再到核反应等一切物质中吸收热量，并将所吸收的热量转化为机械功输出。虽然未必明显，各种热机内所发生的事情，其实就是通过某种工作物质（例如，蒸汽或燃烧燃料产生的废气）将热量从高温处传输到低温处，在热量传输的过程中伴随有对外做功。将热能转化做功的机械品类繁多，但它们多是使用活塞或涡轮叶片将动能从气体传输到旋转轴（即驱动轴）上的。

**焦点** | 热机效率取决于卡诺定理，这是法国科学家萨迪·卡诺发现的。该定理认为热机效率的绝对极限值与高温热源和低温散热器两者的温差有关，温差越大，效率就越高，但现实中，不损失能量而达到完美的效率极限是不可能的。

**深度探讨** | 有一种不是把热转化为功，而是借助于外界对其做功来实现热量反向传递的热机类型。不同于从高温向低温传递热量，这类装置在使用外部能源对其做功后，就可以将热量从低温处转移到高温处，我们一般把它们称为热泵，最为人熟知的例子就是冰箱和空调机组了。通常情况下，热泵的工作原理是利用外界能量（通常是电）压缩气体，使之冷凝为液态，然后在通过喷嘴排出时让其快速蒸发。快速蒸发过程带走大量的热，最终导致温度急剧下降。

# 温度

**主要概念 |** 温度给我们的是一种物体内拥有多少热量的感觉，该物体既可以是谈论天气时的空气，或进行医疗时人的身体，也可以是烹饪时的烤箱。温度其实是组成该物体的原子或分子动能的量度，例如在气体中，该动能以自由运动或振动形式出现。单个原子由于电子占据不同位置，还具有不同的势能能级，核外电子吸收能量后就可以跃迁到更高的能级，跃迁回低能级时再放出能量。从实用的角度来说，温度就是温度计测量出的数值，我们日常使用的温标是通过测量得到的设置点来定义的，而这些设置点的选取往往是任意的，例如华氏温标的零点是冰、水和氯化铵混合物的温度，再通过水的凝固点和人体温度之差来确定每一度的大小。摄氏温标则使用更明显的水的凝固点和沸点作为始末两个定点，利用两定点之间的温度差值除以100来得到每一度的大小。但是在科学研究中经常使用的是开氏温标，这是一个"绝对"温标，因为它始于可能的最低温度——绝对零度。

**深度探讨** | 德国科学家丹尼尔·华伦海特创立的华氏（F）温标似乎很奇怪，他设定水的冰点为32℉，沸点为212℉。当冰、水、氯化铵的混合物在一个固定温度下能够相对容易地保持状态时，将之选择为0点。他之所以选择设定水的凝结温度为32℉和人体温度为96℉，是因为这两者的差64正好是2的方幂，通过重复减半，很容易在温度计上绘制一个有64个格的刻度。

原子
p.20。
热
p.68。
绝对零度
p.74。

**焦点** | 宇宙的平均温度通常被描述为2.73 K（即−454.76℉或−270.42℃）。这是一种基于宇宙微波背景下的测量结果，超过130亿年之前，宇宙变得不再是不透明的云雾，光子脱耦，开始在宇宙中飞行，一直至今。上述数值，就是发出宇宙背景微波这一波长光的物质的温度。

# 绝对零度

**主要概念** | 在相当长的时间内，人们一直在讨论最低温度是否存在。达成的共识是，当然会有一个最低的温度点，只是对于该"绝对零度的温度"还缺少一种合乎逻辑的解释。18世纪的法国自然哲学家纪尧姆·阿蒙顿根据水银柱的高度会随着温度下降而降低，提出可外推得到绝对零度的观点。但详细的关于绝对零度存在的物理机制阐述却来自开尔文爵士，他是在卡诺关于热机的工作基础上做出的说明。一旦温度被视为材料中的能量，那么它必须具有一个最小值，绝对极限温度因此不可避免地必须存在。在该极限温度时一切运动停止，所有电子都处于其最低的能级。但实际上，绝对零度是无法达到的，因为它会违反量子物理学中的不确定性原理，该原理认为原子的能级始终存在某种涨落。绝对零度也可从熵的概念中推导出，熵是研究热量和热力学时的一个重要物理量，是系统内部无序性的度量。熵展现了系统由初始的多个部分最终成为一个整体时的各种方式的数量，方式越少，熵就越低。绝对零度时，系统各部分都将处于同一个状态，此时熵达到可能的最低值。

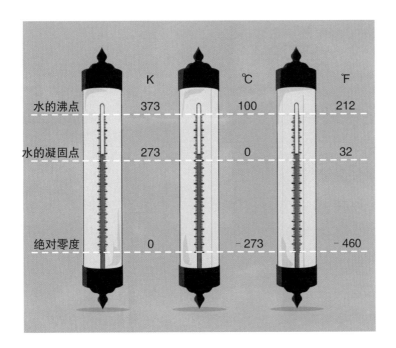

| | K | ℃ | ℉ |
|---|---|---|---|
| 水的沸点 | 373 | 100 | 212 |
| 水的凝固点 | 273 | 0 | 32 |
| 绝对零度 | 0 | -273 | -460 |

**深度探讨** | 一旦认识到绝对零度是存在的，似乎不可避免地应该有一套基于其上的温标方法。开氏温标，这个与摄氏温标具有相同刻度大小的单位为开（K）的温标，因此就成了物理学中标准的温度度量方法。顾名思义，由于绝对零度在标示上为0K，而且不可能有更低的温度，因此是不应该存在"负开尔文温度"的。但是，物质的一种奇怪状态据说具有"负开尔文温度"（虚拟温度，比正的无穷大还大时用负值表示），处于这种状态的物质不但不冷反而极热，当吸收热量后，系统熵减小。

温度
p.72。
热力学定律
p.76。
熵
p.78。

**焦点** | 第一位实现接近绝对零度的人是荷兰物理学家海克·卡末林·昂内斯。1908年，他成为第一个把具有最低沸点的氦气液化的人，他将温度降至1.5K（-456.97℉ 或-271.65℃），实现了氦的液化，这是当时所能达到的最低温度。现代最新的进展是已经低至$1/10^9$K。

# 热力学定律

**主要概念 |** 热力学是一门涉及热与热传递的学科，共有4个热力学定律，从第零到第三定律。最初有三个定律，第零定律是后来补充上的。热力学第零定律说的是，如果热量可在两个物体之间定向流动，则这两个物体处于非热平衡状态，如果不能则处于热平衡状态，即此时温度相等。事实上，构成物体的原子都或多或少具有动能，热平衡时，热量会有流进或流出，但热的定向流量或净流量为零。第一定律应对的是能量守恒，它指明一个系统的内能改变可以用系统与外界之间的做功和吸热、放热来解释。一个孤立的系统既不获得也不失去能量。第二定律可以说是意义最重大的，它指出通过自发的方式热量只能从温度较高的物体传递到温度较低的物体，该定律也可以描述为封闭系统中的熵（无序性）要么保持不变，要么增加。设想一下，开始时我们拥有一个较热的物体和一个较冷的物体，末态时两个物体具有了相同的温度，整个过程发生后，总的熵增加了：初始状态时，即一个热物体和另一个冷物体时，此时的有序性更大；末状态时，无序性大，熵也大。最后，第三定律告诉我们不可能通过有限的步骤达到绝对零度。

**深度探讨 |** 第二定律的统计特征很重要。想象这样一个简单实验，有一个用隔板从中分开的盒子，一半含有热气体，一半含有冷气体。第二定律告诉我们如果移除隔板，热、冷气体会混合，热的会变凉，凉的会变热，重新达到一个热平衡状态，而且该过程中气体原子完全是自发进行的。对已经达到热平衡状态的气体来说，热的、移动速度快的分子和冷的、移动速度慢的分子自动返回到原来各自的盒子一侧，这种可能性是有的，但可能性极低以致基本不可能发生。如果这种不可能发生的情况出现了，意味着热量会自动从低温物体转移到高温物体，系统的熵将自动降低。

**焦点 |** 我们可以通过测体温来体会热力学第零定律。当体温计的温度示数不再继续变化时就得到了想要的正确温度，此时，病人和体温计之间达到热平衡，热量不再在病人和体温计之间有净流动，温度计得以显示正确的示数。

热
p.68。
温度
p.72。
熵
p.78。

# 熵

**主要概念** ｜ 熵看起来像一个抽象的概念，其实它是热力学的核心。它是描述一个系统无序性的量度。熵越大，无序性也越大。热力学第二定律告诉我们，一个封闭系统的熵要么增加，要么保持不变，这也就是为什么打碎一个镜子很容易，把它复原很难的原因。同样，将牛奶混入咖啡也很容易，但很难将它们再分开。在所有情况下，自然界都倾向于达到一个更无序的状态。为什么相比于混合在一起，咖啡和牛奶分开的系统会更加有序呢？这是因为当两者单独存在时，分子排列的方式会更少——牛奶分子只能在原来的一个小盒中，而不是在整个杯子的任何地方。无序，也就是熵，是通过考虑系统内各组分有多少种排列组合方式来衡量的。以一本书页面上的字母为例，随机排列字母的方式要比拼写出这本书的词汇多得多，因此，随机的字母排列相比一篇具体的文章来说拥有更多的熵。

**深度探讨|**熵与熵增原理有时被用作支持神存在的理由。在地球上，我们看到的复杂结构，例如有机体，它们比化学元素的随机集合要有序得多，有人据此认为这是只有在神的干预下才会发生的打破热力学第二定律的结果。实际上，热力学第二定律只适用于"封闭系统"，有大量来自太阳的能量流入地球——利用这些能量至少是暂时的，可以逆转热力学第二定律，创造出更多的有序性。当然，如果我们把宇宙看作一个整体，它就会是一个封闭的系统，随着时间的推移，熵会不断增加，最终导致宇宙运行到一个称为"热寂"的终结状态。

**焦点|**熵增原理可以用来解释为什么时间可以被看作是一个有自然流向的事物。许多基本物理量都是可逆的——因为它们无须考虑时间流逝的方向性问题，但是熵不一样，不断增大的熵本质就是一个指向特定方向的"时间之箭"。

热
p.68。
热机
p.70。
热力学定律
p.76。

上帝在周一、周三和周五用波动理论运行电磁学，魔鬼在周二、周四和周六用量子理论运行电磁学。

——劳伦斯·布拉格在丹尼尔·J·凯夫斯的书中写道，
《物理学家》（1978）

# 第3部分

## 量子理论

# 引言

量子物理的基本概念听起来不会引起人的不快，因为自然界中的大多数事物都是量子化的。量子化意味着传递或改变时是一份一份的，而非连续变化。量子化是我们一直都能感受到的事情，我们知道物质是由独立的原子组成的，而非连续的介质，一包盐或糖是由大量彼此独立的微小颗粒组成的。而且，就不连续这一点而言，货币也是量子化的，0.5124分钱是不可能存在的。但是，当量子被带入物理学时，它的影响却是革命性的。

量子理论首先应用于光的研究。1900年之前，所有人都认为光是一种连续的现象，并通过波的形式表现出来，量子化的引入，颠覆了人们的这一传统认识。当然，这并不是科学家第一次在观察到的现实面前更改他们原有的观点。量子理论认为光由大量称为光量子（后称作光子）的粒子组成，由此产生一个无法回避的问题，即与粒子完全不一样的光是无法被限制在有限区域的，当它在空间扩散传播时，有很多现象是无法用粒子观点来解释的。

## 量子难题

1801年的一个实验，作为一个毋庸置疑的例证极为完美地证明了光就是波。这项实验被称为杨氏双缝实验，以英国学者托马斯·杨的名字命名。他让一束光线通过两个平行的狭缝，获得了两束不同的光，再让这两束光相互叠加，观察到一种称为干涉图案的波动现象，该现象是波特有的，其他类型的波如池塘上的涟漪也可以形成。如果光是粒子流，人们则会看到这两束光会继续保持分离状态，而不是产生干涉图案。问题是，现在量子理论认为光是由粒子组成的，但这些粒子却要表现得像波一样。怎么会这样呢？

该疑惑和相关疑惑一直持续至今。最为明显的是，量子物理使用了概率，而它表面看起来的古怪之处也来源于此。根据量子理论，如果量子粒子不与周围环境相互作用，我们就无法确定该粒子在哪里。这个粒子甚至没有一个位置，而只有一组当我们看它时会在哪里发现它的概率。量子理论的这些怪异特点并没有导致其被抛弃。如果你不纠结于这些怪异特点，而只是使用该理论的计算结果，就会发现该理论在预测我们与微观量子世界相互作用时会产生什么这一方面是非常有效的。如果没有量子物理，我们就不会有固态电子，没有激光，没有平板电视，也没有LED灯泡。

唯有量子物理处于这种境地，它拥有众多不同的解释，皆是为了建立"观察到的现象"和"其中蕴含的本质"之间的桥梁，其中最被接受的是"哥本哈根解释"，它告诉我们不要担心什么是"真正"发生的，因为所谓"真正"发生的是我们永远无法观测到的，"哥本哈根解释"中在两次观测之间，除了概率，别无其他，这种方法有时被称为"闭上嘴，只计算就好了"。

其他解释则试图绕过概率性。一种观点认为，量子粒子总是有一个明确的位置，由于存在一个与之相关的"导频波"，所以才具有了波的性质。以物理学家戴维·玻姆的名字命名的"玻姆解释"，则认为必须丢弃"局域性"的概念，粒子间可在任意距离瞬间地完成通信。另一种是"多宇宙"解释，它包含了一点儿科幻的概念，即当一个粒子可能处于两种不同的状态时，每种状态都存在于一个不同的平行宇宙中。

## 量子行为

产生上述种种解释的原因来自支配微小粒子（如原子和光子）的量子规则与我们所熟悉的宏观物体（如球、人和汽车）两类行为之间的明显不一致性。例如，我们知道一个球在投掷时会沿着某个可预测的路径运动，然而，这个由众多量子微粒组成的球，其每一个量子微粒的行为方式却与球完全不同。有些人认为我们不应该对微观粒子的量子行为感到奇怪，因为自然界本来就是这样的，奇怪的唯一原因只不过是由于构成常见物体的大量微观粒子集体行为看起来与单个粒子行为不太相同而已。但不因量子的行为方式而惊奇甚至入迷是较为困难的。

尽管量子物理学在预测所观察的事物和使大量现代技术成为现实方面已经取得了巨大的成功，但依然有一些美中不足，它与20世纪另一项伟大的物理学进展——爱因斯坦的广义相对论是不相容的。广义相对论用于处理超大物体的问题，因为它解释的是引力的作用原理，但与其他自然力，如电磁力、强核力和弱核力等不同，广义相对论不允许引力被量子化。但即便如此，量子理论依然可以说是迄今为止人类最成功的物理学理论。

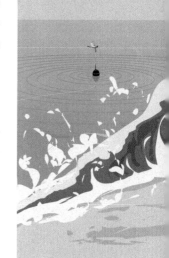

# 人物小传

### 詹姆斯·克拉克·麦克斯韦（1831—1879）

詹姆斯·克拉克·麦克斯韦是大多数人从未听说过的最伟大的物理学家之一。他从爱丁堡大学和剑桥大学毕业后，25岁就成了阿伯丁大学的物理教授，之后又在伦敦大学国王学院和剑桥大学担任教授。

他主要的研究领域是统计力学和电磁学。他是通过分子相互作用的统计预测来描述气体行为的主要贡献者之一，并将描述电磁关系的各方程合并在一起，形成"麦克斯韦方程组"。该方程组预测出光应该是一种电磁波，不需要借助于传播介质的电与磁之间的相互作用。

麦克斯韦的另一个伟大贡献是，实现了建模方式的根本转变，从类比熟悉事物的实体模型（麦克斯韦关于电磁方程的早期工作曾尝试使用六角轮、小轴承来进行建模）转变为与熟悉事物没有直接关系的纯数学模型。事实证明，这种方法对量子理论研究至关重要。麦克斯韦最后一项工作是创建了世界著名的卡文迪许实验室。

### 尼尔斯·玻尔（1885—1962）

尼尔斯·玻尔，1885年出生于哥本哈根，1911—1912年在英国度过的这一年，是改变他职业生涯的关键一年。刚博士毕业的他前往剑桥大学由约瑟夫·约翰·汤姆森主持的实验室工作，由于对这位诺贝尔物理学奖获得者著作内容的批评，玻尔的科研起步并不顺利，之后他去了曼彻斯特，在卢瑟福手下工作并取得丰硕成就。

正是在曼彻斯特期间，玻尔将他关于氢原子量子结构的研究成果进行总结并于1913年发表，该著作完全改变了人们对原子运行方式的看法。之后，玻尔在哥本哈根建立理论物理研究所并吸引了许多著名科学家到此工作和学习，他也因此成为量子物理学的核心人物之一。

在该研究所，玻尔与德国物理学家沃纳·海森堡合作，发展了量子物理学的"哥本哈根解释"和互补性概念。其中，互补性认为对量子现象的测量方式将影响测量结果，例如，不同测量方式会使光的行为方式要么像波要么像粒子。玻尔不善言辞，看起来与他对量子物理的解释一样晦涩难懂，但即便如此，他仍激励起新一代的物理学家在量子这一领域孜孜以求。

## 埃尔温·薛定谔（1887—1961）

奥地利物理学家埃尔温·薛定谔于1887年生于维也纳，在第一次世界大战服兵役之后才开始学术研究生涯。20世纪20年代在苏黎世工作时，他发展了一种可代替海森堡矩阵力学进行量子特性量化的方法，即用"波方程"描绘量子粒子的行为，后来该方程的解被解释为量子粒子在特定位置被找到的概率。

1927年，薛定谔搬到了柏林，但很快就离开了纳粹德国，前往英国和爱尔兰，并在都柏林度过了他今后的整个学术生涯。1935年，在一篇论文的简短旁白中，他构想出了他最著名的创造——薛定谔的猫，这是一个旨在展示量子现实奇特之处的思维实验。在都柏林期间，他撰写了一本极具影响力的书——《生命是什么？》，该书对DNA结构的研究工作给予了启发。薛定谔的感情生活非比寻常、外遇不断，尽管他和妻子安妮结婚40年，但三个孩子却全部是他与别人所生。退休后他于1956年回到维也纳，并于1961年在那里去世。

## 理查德·费曼（1918—1988）

美国物理学家理查德·费曼，只需要几句话就能把他在纽约的经历交代得清清楚楚。曼哈顿计划，这个在第二次世界大战中为建造原子弹而设立的工程开启了他物理学研究的起步方向。在新墨西哥州洛斯阿拉莫斯成功制造出原子弹后，他来到康奈尔大学成了一名理论物理学教授，1950年又来到洛杉矶的加州理工学院工作，并在此地开启了他任职时间最长的学术生涯。

在来到加州理工学院之前，费曼已经完成了量子电动力学（QED）理论的研究，该理论建立了光和物质粒子之间的量子相互作用，并让他因此获得了1965年的诺贝尔物理学奖。同时，作为该理论的传播者，他还收获了巨大声誉，不但他的物理讲座以图书的形式出版并成为经典，甚至有关他的轶事趣闻也被大众所津津乐道，比如这句"毫无疑问，你在开玩笑，费曼先生！"，都为他赢得了大批的粉丝。

费曼还作为"挑战者"号航天飞机失事调查小组的成员出现在电视上，他使用冰水来证明导致飞机失事的缺陷，此举令观众深深迷醉，这进一步巩固了他的知名度。

# 时间线
## 量子物理学

**玻尔模型**
玻尔建立了氢原子的量子模型。

**不确定性**
海森堡提出了他的不确定性原理，该原理告诉我们若对量子系统中一对关联的物理量（比如位置和动量）的某一个量测得越准确，则对另一个量的测量值就越不准确。

| 1900年 | 1913年 | 1925年 | 1927年 |

**量子**
德国物理学家马克斯·普朗克建议使用"小能量包"的形式来描述发光过程，将之称作"光量子"。5年后，爱因斯坦在解释光电效应时，认为普朗克的光量子（后称作光子）是真实存在的，而不仅仅是一种数学工具。关于光量子的工作使二人均赢得了诺贝尔物理学奖。

**量子行为**
海森堡创建了一种更全面的量子粒子行为的数学描述方法，称为"矩阵力学"。第二年，薛定谔发表了用波动方程描述量子粒子行为的新方法。

86

## 纠缠

爱因斯坦在鲍里斯·波多尔斯基和内森·罗森的协助下，描绘了被称为"纠缠"的怪异量子行为。他们的论文原本试图去证明量子理论是不完备的，因为它的预测结果看起来是如此的荒诞不经，但后来的实验证据却证明爱因斯坦和他的同事的想法是错误的。

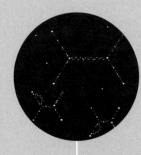

## 量子色动力学

与QED相对应的量子色动力学（QCD）是关于夸克间强核力的理论，QCD解释了夸克如何结合产生中子、质子和介子等粒子，以及原子核是如何结合在一起的。

| 1928年 | 1935年 | 1948年 | 1973年 |

## 反物质

狄拉克提出了一个描述在相对论速度下的电子特征方程。为了使他的方程发挥作用，狄拉克还无意中构建了反物质这个概念，4年后，卡尔·安德森在宇宙射线中发现了第一种反物质——反电子。

## 量子电动力学

费曼、朱利安·施温格与朝永振一郎各自独立地在狄拉克工作的基础上发展出了描述所有电磁量子现象的QED，该学说解释了光和物质是如何相互作用的。

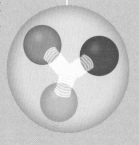

# 电磁学

**主要概念丨**电磁能是能量的一种特殊形式，它沟通了能量和量子物理学。19世纪60年代，麦克斯韦对电和磁的概念进行了整合，而在此之前，电和磁被认为是完全独立的两种现象。其他人，尤其是法拉第，已经意识到两者之间的联系了，但最终还是由麦克斯韦把相关的一系列公式简化成了4个看似简单，却能准确描述电和磁之间如何相互作用的数学表述。在发展他的电磁学模型时，麦克斯韦意识到应该有一种可以自我维持的波，在这种波中，起伏变化的电场会激发出相应起伏变化的磁场，磁场又会进一步激发电场，两个场彼此相互激发振荡形成波，该波在任何材料中只存在一个唯一的速度（注：这里没有考虑材料折射率的影响），麦克斯韦通过计算发现这个速度正好等于光速。光的本质是什么，这个数千年的疑惑，终于被麦克斯韦回答了。要求光以这一恒定速度进行传播是爱因斯坦狭义相对论的灵感来源，他就此发表了第二篇论文，该论文把能量和物质质量通过$E=mc^2$（其中$c$是光速）联系起来了。电磁能是量子粒子间相互作用和将质量转化为能量时通常的表现形式。

光速
p.44。
核能
p.64。
量子
p.90。

**深度探讨** | 对于单独的电或磁的概念，在意识到它们之间联系之前的很长时间里，人们就已经很熟悉了。电学中最早被研究的是静电场，诸如摩擦琥珀使其吸引羽毛和绒毛，并可能产生微小的火花等静电现象。琥珀在希腊语中为*elektron*，这也成了"电"的词根。与此同时，人们也发现天然的磁性物质，如磁石，大致指向北极。借助伏打发明的电池，电流在19世纪已经成为人类熟知的概念。在麦克斯韦的工作之前，关于电与磁，人们已经有大量的发现，包括移动的磁铁产生电场，或载流导线具有磁的特征等，但将这些独立现象联系在一起的是麦克斯韦。

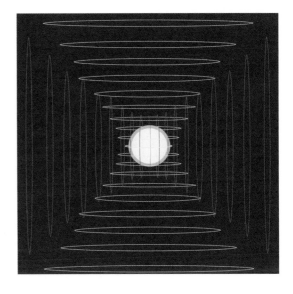

**焦点** | 麦克斯韦是首批可以合情合理地被称为科学家（scientist）而不是自然哲学家（natural philosopher）的人之一。1834年，英国科学促进协会的一次会议上，在众多待选词中，比如sciencist，sciencer，scientician和scientman等，类比"艺术家（artist）"一词提出的scientist被最终选中，尽管该词很久之后才被普遍接受。

# 量子

**主要概念** ｜ 麦克斯韦方程组为量子物理学的诞生提供了必要的基础，但这场变革的起始点却是在1900年，当时普朗克通过引入量子这个概念来解释黑体辐射现象中所谓的"紫外灾难"。所有物体都会对外辐射电磁波，物体温度越高，最强辐射光的频率就越大。我们对这种现象很熟悉，例如，一块金属被加热，在室温下，它发出不可见的红外光，随着温度的升高，它会发出可见光，先是红色，然后是黄色，最后是蓝白色。当时的电磁波辐射理论在预测到该现象的同时又推导得出随着温度升高，物体会发出越来越多的蓝色、紫色和紫外光，甚至在室温下，物体也应该辐射出大量的紫外光。但很明显，这种在紫外光范围强烈辐射的预测实际上并没有发生。普朗克平息了这场"灾难"，得到了与观测精确相符的光波频率分布，但他的解决方案需要付出一定代价，即必须把光看成是一份一份传播的，光的能量以量子形式传递。普朗克把量子的引入视为一个有用的数学技巧，但5年后，爱因斯坦得以解释光电效应，却有赖于对光量子是真实存在的认定。

**深度探讨 |** 普朗克对他为解决"紫外灾难"而使用了"量子"的概念从未感到高兴过，而是把它描述为一种"绝望之举"。自1800年以来，有充分的证据表明光是一种波，而麦克斯韦的研究又进一步强化了这一观点，所以当普朗克说光是由量子构成时，其实就是认定光是一种粒子流，这看起来是一个完全与当时理论不相容的概念。相比之下，爱因斯坦却准备接受这个概念所显示的字面含义，他意识到光电效应，即当某些材料受到光照射时产生电流的现象，只有当光确实是一束粒子时才可以发生。

电磁波谱
p.34。
电磁学
p.88。
粒子和波
p.102。

**焦点 |** 量子（quantum，复数quanta）这个词，本意是指某物的数量，也是"量子物理学"和"量子理论"等术语的起源。量子化是指某物的数量不能连续地变化，而只能以某特定大小的数值来一份一份地改变。例如，现金就是量子化的，没有3.614分的硬币，只能以现有的硬币为单位进行计量。

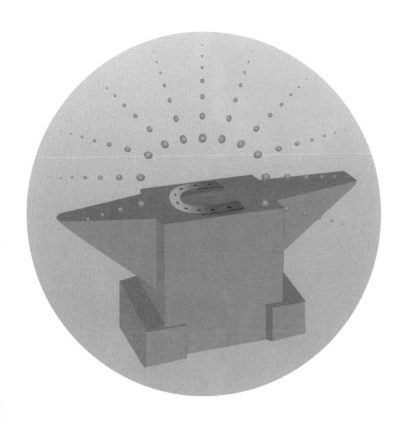

# 量子原子

**主要概念** ｜ 当电子被发现是原子的组成部分时，这意味着原子内部还有下一层结构。电子发现者约瑟夫·约翰·汤姆森认为电子是均匀分散在带正电的物质内部的，但是卢瑟福和他的团队却发现原子内有一个很小的带正电的核心，并称之为原子核，这意味着电子必须位于这个带正电荷的核心之外。卢瑟福的原子模型和太阳系的自然模型很相似，只不过是用电子运动来代替行星运动。虽然模型的描述很形象，但不幸的是，它存在难以解决的缺陷。当电子加速时，它们以光的形式释放能量。而处于轨道上的物体，却无时无刻不在加速。针对该模型，卢瑟福进行了各种改进尝试，如使电子保持静止、电子之间保持平衡等，但没有任何一项能够解决电子会因损失能量而必将旋进原子核的问题。之后，年轻的玻尔在与卢瑟福合作中受到启发，提出了量子原子的概念，在量子原子中，电子好像在某些铁轨轨道上一样围绕原子核运动，且不能落入原子核中，此外电子也只能从一个轨道以所谓的量子跃迁方式到达另一个轨道上，每一次跃迁都需要发射或吸收一个光子的能量。

**深度探讨** | 尽管玻尔一开始没有意识到（这需要等到他进一步发展他的量子理论），他的关于电子固定轨道、轨道间跃迁释放或吸收光子的思想可以用来解释瑞士教师约翰·巴尔默在他出生那年观察到的一种现象，即当一种物质被加热时，它不是发出一段光的连续谱，而是一些不同颜色的窄带。此外，巴尔默还注意到，氢元素的这些窄带频率符合一个简单的公式。玻尔意识到这个现象是对他的模型（玻尔最初想象成"铁轨轨道"的样子）中电子具有不同能级的反映，同时，颜色反映了释放出光子的能量大小。

原子
p.20。
键合
p.24。
粒子和波
p.102。

**焦点** | 如果不是和以前的教授闹翻了，玻尔可能永远不会成功。在获得博士学位后，玻尔曾希望在剑桥大学由约瑟夫·约翰·汤姆森主持的实验室工作一年，但最终两人不欢而散。几个月后，玻尔转到曼彻斯特，去了与自己更合得来的卢瑟福那里。正是在曼彻斯特，玻尔开始了创建原子模型的工作。

# 薛定谔方程

**主要概念** | 早期量子物理学可使用的领域非常有限，例如，玻尔的原子模型只能用来解释氢元素。20世纪20年代，充分的研究工作促成了描述量子粒子行为的通用公式的出现。1925年，海森堡进行了第一次尝试。他提出的名为"矩阵力学"的方法虽然确实有效，但更多依赖的是物理学家不熟悉的数学方法，而且是完全抽象的，只是一个用来进行预测的数学系统。第二年，薛定谔对上述问题采取了完全不同的方法，他使用了更为人所熟悉的波动数学知识。起初，薛定谔波动方程在一定程度上令人困惑，因为它似乎表明量子粒子会随着时间扩散到越来越多的空间。后来人们才意识到该方程的解的平方表示的是在给定位置找到粒子的概率，经此解释，薛定谔方程更显合理——即使它描绘的是一幅与现实相冲突的画面，即未经测量，量子粒子似乎不具有确定的位置。但对于"概率解释"，薛定谔本人并不喜欢。海森堡的矩阵力学与薛定谔的波动力学后来被证明在数学上是等价的，并被统称为量子力学。

**深度探讨丨** 对薛定谔方程求解并取平方是很重要的。这个方程包含了数学符号$i$，它代表了-1的平方根。两个相同的数相乘得到的是平方，这意味着平方一定总是正的。将一个"实数"平方得到-1是不可能的，为此数学家们创造了一个虚构的数字$i$，该数自乘后等于-1，虚数$i$在物理学中已被证明是很有价值的。通过虚数和实数的组合，如3+4$i$，可以构造一个"复数"。复数可以用来表示平面上的位置，这对于描述随时间变化的物理量（如波）的行为很有用。薛定谔方程的解平方后，所有的$i$值再次变成实数，所以它没有产生一个虚幻的结果。

量子原子
p.92。
叠加
p.98。
牛顿定律
p.130。

**焦点丨** 爱因斯坦对量子力学的担忧在写给马克斯·玻恩的信中展露无遗，正是玻恩提出薛定谔方程的解应解释为概率。评论量子粒子在测量之前，位置没有确定值，只是概率时，爱因斯坦写道："如果真是这样，我宁愿做一个补鞋匠，甚至是一个赌场的雇员，而不是一个物理学家。"

# 不确定性原理

**主要概念** | 除了薛定谔的猫之外，另一个广为人知（或者说被广泛误解）的量子理论是海森堡的不确定性原理。不确定性原理有时虽被表示为一切都是不确定的，但其实该原理只是用于描述量子粒子或系统的两个具有成对性质的物理量之间的关系，其中，最为人所熟知的是粒子的位置和动量。在特定时间点上，我们对其中一个物理量值测量得越精确，对另一个值的测量就越不精确，只能精确测量两者之一，而不能同时都精确测量。当海森堡第一次提出这个原理时，他错误地认为这是由观测粒子这一行为所导致的，例如，他认为在采用光照的手段来测量粒子时，是施加的光导致了粒子的测不准，但其实不确定是量子世界本身固有的特性。第二个更重要的具有成对性质的物理量是能量和时间。如果我们把一个量子系统限定在一个非常窄的时间尺度上，则它的能量变化值可以有一个很宽的范围，这意味着，即使在真空中，在极其狭窄的时间尺度上，所存在的能量也足以产生"虚拟粒子对"——物质和反物质粒子对——这些"虚拟粒子对"在一瞬间突然出现，然后再快速消失。

**深度探讨 |** 根据不确定性原理，在真空中出现的一对虚拟粒子因存在时间太短而无法被测量到，这似乎在暗示不确定性原理无法被检验。其实，这种量子尺度的不确定性可以通过卡西米尔效应（Casimir effect）在大尺度上看到。真空中两个平板非常接近时，尽管板间或板外没有粒子，但虚拟粒子会产生一个微小的力，将板推到一起。通常情况下，虚拟粒子不会对周围环境产生推力，因为它们在空间各点出现的概率是一样的，但当两板非常接近时，板间产生的虚拟粒子对要比板外产生的粒子对少很多，从而在板外出现了微小的压力，将两板推合到一起。

隧穿
p.100。
真空
p.122。
动量和惯性
p.126。

**焦点 |** 致力于量子水平研究的物理学家必须考虑不确定性原理。与其他学科相比，不确定性原理在粒子物理学领域的表现最为明显。早期的粒子加速器很小，但大型强子对撞机配有一个总长27km的环形隧道，这是因为要对粒子的位置进行足够精确的测量，必须给粒子提供很大的动量，故此需要一个巨大的加速器。

# 叠加

**主要概念** | 态的叠加绝对是量子理论的核心。这通常意味着一个粒子可以同时出现在多个地方，或者一个属性（如自旋）可以有多个值。例如，1801年的杨氏双缝实验证明了光是一种波，光通过两条平行的狭缝透射后，形成干涉图案。这种干涉现象也会发生在量子粒子上，即使是以每次一个粒子的形式通过上述双缝，依然会形成干涉图案。因此，有人说粒子"同时通过了两个狭缝"。然而，正确的观点却是，当不与周围环境相互作用时，量子粒子不具有诸如位置或自旋等物理性质，只存在概率。在杨氏双缝实验中，这些概率用波动方程来描述，相互作用的是概率波。当一个量子粒子没有特定的属性值，而是一个概率集合时，它就被称为处于可能状态的叠加态，当它被观测到时，这种叠加态就会坍缩成一个单一的观测值。

**深度探讨** | 量子粒子处于叠加态的思想是薛定谔的猫这个思维实验的灵感来源。该实验使用了一种会衰变的放射性粒子，我们不确定它什么时候发生衰变，只能说它在特定时间尺度内发生衰变的概率。因此，粒子处于衰变态和非衰变态的叠加状态。薛定谔设想在该实验中如果粒子衰变，探测器就会释放毒药，杀死这只猫。这意味着猫也处于死和活的叠加状态，这看起来很荒谬。实际上，触发探测器所需的粒子与周围环境的相互作用会打破叠加态，使粒子处于一种单一的状态中。

隧穿
p.100。
粒子和波
p.102。
纠缠
p.112。

**焦点** | 当一个粒子被观察到时，我们不会同时看到它的两种状态。这种从叠加态到常态的转变，称为坍缩，是量子物理学主流解释中最具争议的一点，因为没有明确的机制来解释它。现在通常将其描述为退相干，即粒子与其环境相互作用，并不需要实际的坍缩。

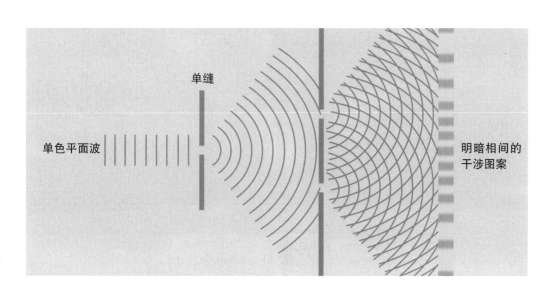

单缝

单色平面波

明暗相间的
干涉图案

# 隧穿

**主要概念** | 尽管我们在量子隧穿现象中使用了熟悉的"隧穿"一词，但这与通过障碍物进行隧穿是完全不同的概念。道路施工人员修建隧道时，会打通障碍物，从而提供通过的途径。但是在量子隧穿中，一个量子粒子能够不经历高能量势垒内部空间而直接到达势垒的另一侧。我们可以通过思考由薛定谔方程描述的粒子位置来理解这是如何发生的。随着时间的推移，粒子的位置会根据这个方程向外扩散。如果在它的道路上有一个障碍，那么它可能已经到了障碍的另一边。对应于我们观察到的现象就是，粒子曾经在势垒的一边，现在到了势垒的另一边——看起来它已经通过了隧道，但它本身并没有经历过势垒内部，也不需要花任何时间进行隧穿。这就意味着，当一个光子以隧穿的方式通过了一个屏障时，看起来它的速度会比光速还要快。无论是发生在太阳深处的核聚变还是在家用电器中，隧穿效应都是一种能被广泛观察到的现象。

**深度探讨** ｜ 太阳是说明隧穿效应重要性的最典型例子。类似太阳这样的恒星要发光发热，就必须将氢核（质子）挤得足够近，从而聚变形成氦核。然而，即使是太阳核心的温度和压力也不足以克服正电荷质子间的排斥力，正是由于质子能通过隧穿效应贯穿质子斥力屏障，从而实现了质子间足够小的距离。回到我们身边，隧穿效应也出现在u盘、手机和笔记本电脑的闪存中。当断电时，这种闪存可将数据保存在一个绝缘存储器中，只有通过量子隧穿效应才能访问。

**焦点** ｜ 超光速实验中光子通过隧穿效应穿过一个屏障，从而使它的速度比光速还要快。因为光子通过势垒占据的空间没有花费时间，所以考虑总距离，它从一端到另一端比光速还要快。虽然一些物理学家认为无法通过这种方式发送任何有序信息，但奥地利科学家冈特·尼姆茨却以超过光速4倍的速度发送了一段莫扎特交响曲。

# 粒子和波

**主要概念** | 量子物理相对经典物理，或者说相对我们所感知到的周围世界，核心的区别是量子物体可以根据处理方式的不同而表现为粒子，或者是波。20世纪初，光被认为是波，而电子、质子和原子，则被认为是粒子。普朗克和爱因斯坦逐渐消除了两者之间的这种区别，他们的成果显示光可表现为粒子流的形式。法国物理学家路易·德布罗意在1923年将这一概念进行了调转，提出粒子同样可以表现为波，在随后的几年时间里，电子被发现具有诸如衍射和干涉这些归属于波的行为。波可表现为粒子，粒子也可以表现为波——这种可能性不仅巩固了玻尔的量子原子模型，且截至20世纪20年代末，促使玻尔和海森堡逐步成型了他们关于量子物理的"哥本哈根解释"，其中就包括互补性原理。互补性原理说的是，一个量子实体既可以表现为波，又可以表现为粒子，但不能同时既是波又是粒子。例如，在电子双缝实验中，如果探测器对每一个电子进行追迹，预期中的干涉图案就会消失。

**深度探讨** | 当玻尔设计原子的量子模型时，他提出电子只会位于像"固定铁轨"一样的轨道上。在粒子（如电子）可表现为波的思想下，对电子轨道的大小有限定就是正当的，这要求电子所表现出来的波，其波长必须与轨道精确相配（也就是说，轨道的周长必须正好是电子波长的整数倍），只有这样，当电子的波返回起始点时才会适配（即形成驻波）。电子占据的轨道称为壳层；由薛定谔方程决定的电子在原子核周围的统计分布，称为轨态。每一壳层还可以有亚层，每个亚层又可以有多个轨态。

电磁波谱
p.34。
**量子原子**
p.92。
**薛定谔方程**
p.94。

**焦点** | 量子粒子或波都是物理模型。用物理学术语来说，模型是对现实行为的类比。模型的这种类比可能带有概念元素，但其核心几乎都是数学。当我们说光是波、粒子流或量子场中的扰动时，说到的都是模型，但无论如何，光只是光。

# 核力

**主要概念** | 在大自然中有4种基本力。其中，引力和电磁力的作用很容易被观察到，它们既可将物质结合在一起，又在你坐在椅子上时，阻止你的身体渗透到椅子中去。另外两种力（强核力与弱核力）在量子水平中有明显的体现。当然，最为瞩目的是强核力，它的主要作用是将原子核中构成质子和中子的夸克结合在一起。强核力由一种叫作胶子的粒子携带，跟携带电磁力的光子类似。强核力是一种独特的力，作用范围极短，但随着夸克间距的增加，强核力会变得越来越强，这就意味着绝不会见到孤立的夸克。虽然质子之间存在同性电荷而相互排斥，但因为质子和中子能够释放出足够的强核力，所以依然能够使原子核保持稳定的状态。弱核力将一种类型的粒子转化成另一种类型，比如将"下"夸克转化为"上"夸克，此转化过程导致中子转变为质子，同时，以核衰变的形式释放出一对其他粒子。有3种不同的粒子可作为弱核力的载体，分别是W+、W−和Z玻色子。

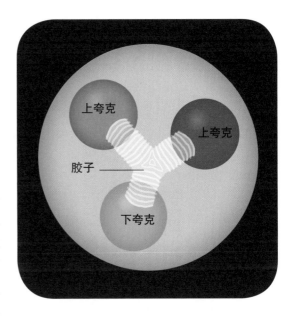

**深度探讨 |** 当一个粒子被描述为"承载"一个力时,其实说的是,有一束这种载体粒子在两个相互吸引或相互排斥的粒子之间进行交换。在强核力的情况下,载体粒子胶子有一个"色电荷"属性,与电荷不同的是,色电荷有8个不同的值,这些值决定了它将作用于哪种类型的夸克。相比之下,弱核力的载体粒子具有我们更熟悉的电荷:W+是正的,W−是负的,Z是中性的。弱核力载体粒子的另一个奇特之处在于与光子或胶子不同,它们是有质量的,它们的质量大约是质子的100倍。

**焦点 |** 顾名思义,弱核力比电磁力弱,而强核力比电磁力强。如果电磁力比强核力强,就无法聚拢形成原子核。强核力中蕴含的能量如此之多,根据质能方程$E=mc^2$,以至于大部分的质子和中子质量都是由强核力提供的,也就是说绝大多数的物质都是强核力形成的。

# 标准模型

**主要概念** | 在20世纪60年代，由于几乎每隔几周就会发现新的粒子，这使得原本被认为很简单的基本粒子好像变成了一个混乱、复杂的"粒子动物园"。到20世纪70年代末，人们就使用一组相对较小的基本量子粒子，作为标准模型，来描述物质和力。标准模型最初包括4个夸克：上夸克、下夸克、粲夸克和奇夸克，后来又加上了顶夸克和底夸克；6种轻子：电子、μ介子和τ子，以及与之对应的中微子；4种承载基本力的"规范玻色子"：光子、胶子、Z玻色子和W玻色子；还有希格斯玻色子，它可使一些粒子（根据理论）意外地获得质量。跟带电的W玻色子一样，每个物质粒子都有一个对应的反物质粒子，而不带电的玻色子通常被描述为它们就是自己的反粒子。这些相对较小的粒子组成了所有已知的物质，除了暗物质（如果它存在的话）外。此外，它们也解释了除了引力外所有物质粒子之间的相互作用。目前，最好的引力理论是广义相对论，但由于它不是量子理论，所以在标准模型中没有对应的载体粒子。如果将来发现引力的量子理论，其对应的载体玻色子应该会被称为引力子。

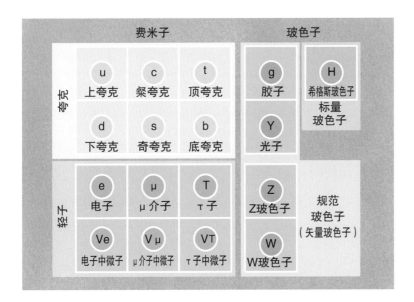

**深度探讨** | 标准模型中的粒子分为两种不同的类型，即费米子和玻色子。所有的物质粒子都是费米子，比如"毫无实质"的中微子。所有力的载体粒子都是玻色子。它们名字来源于物理学家恩利克·费米和萨特延德拉·玻色。费米子服从"费米—狄拉克统计"，而玻色子服从"玻色—爱因斯坦统计"。这就意味着费米子受到量子定律——泡利不相容原理的限制，该原理要求如果费米子（如原子中的电子）的某个特性（如自旋）有不同的数值，那么同一个量子系统中最多只能容纳两个费米子。相比之下，玻色子无须遵循不相容原理，可以随意地聚在一起。

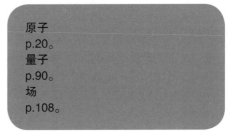

原子
p.20。
量子
p.90。
场
p.108。

**焦点** | 基本物质粒子"夸克"的名字是由美国物理学家默里·盖尔曼提出的，并PK掉了另一个叫"ace"的提议。盖尔曼原本打算把这个名字念成"kwork"，但看到詹姆斯·乔伊斯在《芬尼根守灵夜》中的台词"three quarks for Muster Mark（向麦克老人三呼夸克，这里的quark是一种鸟叫声）"后有感，于是把它拼成了"a"。这一改动看上去是非常贴切的，因为3个夸克构成了一个质子或中子。

# 场

**主要概念** | 自19世纪中叶法拉第首次提出这个概念以来，场在物理学中一直备受重视。在20世纪，当场被证明在理解量子相互作用时是必需的时，它就显得格外重要了。场就是某种事物，它的值遍布整个空间，通常情况下还会随时间发生演变。等高线地图绘制的就是一个场，它可以显示每个点的高度。事实证明，在理解自然力是如何起作用的过程中，场有着巨大的价值。法拉第不是一位数学家，所以他只是在定性地使用场。他看到铁屑从磁铁的一极到另一极排布形成了一种轮廓图，表现出了磁场的"外形轮廓"，将之命名为"磁力线"，线越密之处，对应磁场就越强。麦克斯韦使用数学方式对场理论进行了定量化，并用来解释电场和磁场是如何相互作用的。麦克斯韦指出光是一种电磁波，可等效看作磁场产生一个"波纹"，引起电场产生一个"波纹"，如此循环往复。而量子场论把波和粒子看作是量子场的扰动。还有一种量子场——希格斯场，在20世纪60年代就被预测会为某些粒子提供质量。

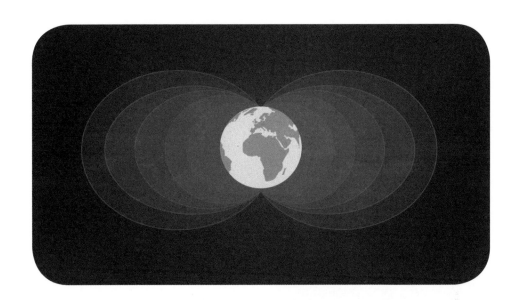

**深度探讨┃**量子理论预测，承载力的玻色子应该是没有质量的，光子和胶子就是这样，但凡事没有绝对，承载弱核力的玻色子却的确有质量。来自3个小组的6名物理学家——罗伯特布·劳特、弗朗索瓦·恩格勒特、杰拉尔德·古拉尔尼克、理查德·哈根、彼得·希格斯和汤姆·基博尔提出这样一个理论：质量是由一个额外的场引起的，这个场被称为希格斯场。如果这个场存在，它应该会有自己对应的玻色子——希格斯玻色子。2012年，欧洲核子研究组织（CERN）发现了这一玻色子。

电磁波谱
p.34。
电磁学
p.88。
标准模型
p.106。

**焦点┃**希格斯玻色子被冠以"上帝粒子"的昵称，并在报纸的头条进行发布，但却惹火了物理学家。这个名字和该粒子的重要性之间毫无关系。这个名字是由美国物理学家利昂·莱德曼在1993年引入的，他本想把自己编写的关于寻找粒子的书起名为《该死的粒子》，因为希格斯玻色子很难找到，但出版商不同意这个书名，而把它改为了《上帝粒子》（注："上帝"为God，而"该死的"为Goddamn）。

# 量子电动力学

**主要概念** | 矩阵力学和薛定谔方程虽是量子物理的基础，但却无法处理物质与光之间复杂的相互作用。麦克斯韦虽然在电磁学方面的成果卓著，但这些成果没有考虑后来发表的爱因斯坦的狭义相对论，而狭义相对论指出，如果一个物体运动得非常快（量子粒子的速度通常都很快），那么牛顿运动定律将不再适用。1928年，狄拉克将狭义相对论纳入电子行为的描述中，迈出了量子电动力学的第一步。后来，费曼和施温格以及日本物理学家朝永振一郎分别独立完成了QED的具体工作，建立了光与物质相互作用的完整理论。费曼图是费曼所做贡献中至关重要的一部分，该图既可以用来显示量子粒子相互作用，也可以用来进行量子计算。最初，人们对QED有些担忧，因为它要考虑粒子的每一种可能的传播路径和每一种可能的相互作用方式，而这会导致计算产生无限的答案。为了解决上述发散问题，科学家采用了一种称为"重整化"的方法，也就是说，用实际值（如电子的真实质量）替代理论计算中出现的无限大值，结果证明了QED是一个非常准确的理论。

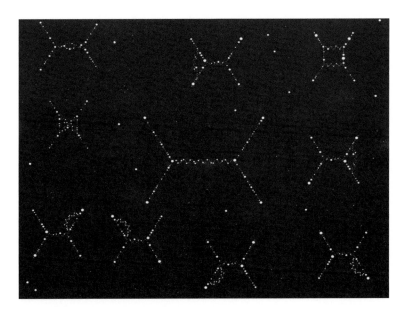

**深度探讨** | 费曼图是量子电动力学数学运算的可视化表现，它的一个轴是时间，另一个轴是空间。物质粒子的运动用直线表示，而光子为波浪线。当线相交时，表示粒子间发生了相互作用。通常情况下，为了处理量子事件中相互作用的各种可能途径和可能方法，会绘制多幅费曼图。自该图问世后，也被应用到QCD中。QCD是QED的对应，处理的是夸克和胶子间的相互作用。费曼有一辆绘满费曼图的面包车，他常常开着它在加州理工学院校园里转悠。

**焦点** | 在所有物理理论中，QED的理论预测值与实验结果最为接近。正如费曼说的那样，QED对粒子间电磁相互作用强度的计算值与实验值差距在百亿分之一以内，这相当于测量纽约到洛杉矶的距离误差未超过一根头发的直径。

反物质
p.30。
标准模型
p.106。
狭义相对论
p.138。

# 纠缠

**主要概念 |** 尽管爱因斯坦是量子物理学的创始人之一，但他的厌恶之情却与日俱增，尤其是对"当一个粒子未被观测时，除了概率，别无其他"的思想。1935年，他与两位年轻的物理学家鲍里斯·波多尔斯基和内森·罗森一起写了一篇题为《物理真实的量子力学描述能否被认为是完备的？》的文章，该文详细介绍了量子理论引出的称为"纠缠"的概念将导致的结果，文中爱因斯坦描述了一个思维实验，在这个实验中，两个量子粒子处在一个被描述为纠缠的连接状态中，根据量子理论，即使把两个粒子分离到宇宙的两端，只要其中一个粒子发生某种变化，那么就会立即在另一个粒子上有所反应，很明显这种情况是违背狭义相对论的，在爱因斯坦看来，这表明了量子物理学是有缺陷的。爱因斯坦提出"量子粒子未被观测，没有确定的属性值，只是概率"这一概念是错的，量子粒子有确定的属性值，只是这个值我们无法知道，这就是"隐变量"理论。爱因斯坦指出，面对纠缠，要么承认量子物理是有缺陷的，要么就接受。一个粒子可以瞬间超距地影响另一个粒子，爱因斯坦将之戏称为"幽灵般的超距作用"。量子纠缠最终在20世纪80年代被证明的确具有这种"幽灵般"的能力。从那时起，它就被用于不可破译的加密和量子远距传动。

**深度探讨｜** 纠缠的瞬时联系看起来好像可用于传输消息，但实际上它发送的"信息"却是随机的。以一对纠缠粒子为例，每个粒子的自旋向上或向下概率为50∶50。如果对其中一个粒子进行检测，发现它的自旋是向上的，另一个就立刻表现为向下的自旋，但是没有任何办法能够对所检测粒子的自旋态进行控制。但是，当使用这种机制来传输加密密钥时，这种随机性是有益的。利用纠缠，将一个粒子的特征传递给另一个粒子成为可能，这一过程称作量子远距传动。此外，量子纠缠在构建量子计算机中也是必不可少的，因为量子计算机使用量子粒子，而不是基于开关的常规组件进行计算。

反物质
p.30。
标准模型
p.106。
狭义相对论
p.138。

**焦点｜** 量子计算机仍处于实验阶段，相关研究也正在世界各地的实验室中进行。当它们完全可以实际运行时，现有的两个重要算法就可以在其上使用了。其中一个算法将使破解当前大多数的互联网加密成为可能，另一个则使搜索计算缩短为当前所需步骤的一小部分。

今天，科学家在描述宇宙时使用了两个各有侧重的基本理论——广义相对论和量子力学。这两个理论是20世纪上半叶人类最伟大的智慧结晶。

——斯蒂芬·霍金
《时间简史》（1988）

# 第4部分

## 运动及相对性

# 引言

运动力学自产生之后就一直是物理学的核心内容，之后伽利略意识到理解相对性对运动力学来说是十分重要的，爱因斯坦则最终完成了这一设想。古希腊人对运动的理解很大程度上有些"因果颠倒"，但鉴于他们对世界的体验有限，如此理解就再正常不过了。他们看到物体被推时移动了，而不被推时就停止，他们看到石头下落速度比羽毛快，在没有任何系统方式可供验证的情况下，他们提出的对运动的物理描述虽然是错误的，但与人们的常识是相符的。

讽刺的是，亚里士多德几乎早于牛顿2000多年就提出了牛顿第一定律，但是只是被用作一个论据来证明为什么完全的真空是不可能的。亚里士多德在他的《物理学》中说，"如果存在真空，没有人可以说清楚为什么运动的物体最终会停下来，为什么它要停在这里而不停在那里呢？因此，它将要么一直保持静止，要么必须一直运动到无穷，除非有更强的东西阻碍它。"他认为这是一个荒谬的结论，但这和牛顿第一定律的描述几乎一模一样。

### 伽利略相对运动

伽利略是如何打破古希腊人关于重的物体下落快的观点的呢？并不是传说中的通过把小球从比萨斜塔上扔下来（没有证据证明他这样做了），而是通过一个巧妙的思维实验，如此方式才配得上"希腊哲学"之名：考虑两个重量不等的物体，用绳子连接成一个整体，下落时会发生哪些情况呢？然而，展现他卓越洞察力的还是在关于相对运动的研究方面，他的理论观点是运动不是绝对的，只有相对于其他物体（在物理中被称为参照系）时才有意义。

我们对运动的描述总是相对的。但有时候甚至科学家自己也忘记了这一点。不久前，我的母校剑桥大学在Facebook上发布了一张图片，照片展现的是：夜晚的学校教堂，背后星光闪耀。学校附加的注解是："这是劳伦斯·莫斯科普在夜间拍摄的教堂，漫天繁星在其背后掠过。"很快有人评论说："我认为是地球在旋转，而不是星星在移动……我们应该清楚图片在表现什么！"学校对此当然是"清楚"的。如果从地球以外的适宜位置，来研究行星的运行轨道，我们自然会发现，星星不动而是地球在自转。但如果视角是在地球表面的话，我们惯用的方式像我们通常所说的以50km/h车速行驶的汽车或者坐着不动的人，都是将地球视为静止的，那么由此看来，其实也可以说是星星在动。运动具有相对性。伽利略指出，如果我们坐在封闭的船上，在没有窗户且以稳定速度行驶的情况下，以今时今日的技术，我们不可能通过任何实验来确定小船是否在移动。此时就船上的物体而言，船是静止的（当然，旋转物体比伽利略的船更复杂，但考虑参照系是相对性的本质）。

这么做或许很奇怪，如果当街把人拦下，询问提到"相对性"会想到谁，他们几乎都会说爱因斯坦。爱因斯坦关于"相对论"的工作确实举世瞩目，但最先涉足这一领域的却是伽利略。伽利略基于前人的观点提出地球绕太阳旋转的理论（正确的参照系视角）使他被世人铭记，但这只是他科学贡献的一小部分，在运动物理学方面所做的才是伽利略最杰出的工作。

### 狭义相对论

爱因斯坦对相对性添加的内容可以分为两个不同的部分。首先，他将伽利略相对性原理、牛顿运动定律与麦克斯韦对"光是一种电磁波"的预言结合在一起。麦克斯韦在进行电磁研究时，发现电磁波在任何介质中均以唯一的光速（不考虑折射率的影响）进行传播，因此预言光是一种电磁波。爱因斯坦意识到这意味着光不遵循伽利略相对性原理。无论我们以何种方式相对光进行运动，光始终保持同一速度，除非它消失不见了。光速恒定纳入运动定律，狭义相对论那些举世瞩目的效应才得以呈现。

狭义相对论在匀速运动物体方面对伽利略版本进行了改进，两个理论在常规速度下得到的结果是几乎相同的，但当加速到光速的足够比例时，会出现奇异的效应，这时伽利略理论就不再适用了。爱因斯坦继续深入研究，提出了广义相对论，在该理论中他增加了引力和加速度的影响（爱因斯坦后来意识到这两者是等效的）。狭义相对论+广义相对论，爱因斯坦的工作彻底改变了我们对运动、相对性、引力和宇宙运行的理解。

# 人物小传

## 伽利略·伽利雷（1564—1642）

伽利略·伽利雷于1564年生于意大利比萨，父亲是一位偏爱科学的音乐家。起初他跟着叔叔学医，但是在进入大学两年后转而学习数学。他在比萨大学和帕多瓦大学担任教授期间，研究的内容主要是运动学，期间伽利略也一直关注其他新的研究内容。1609年，当听说有一架早期的望远镜要从荷兰购运到意大利时，他便急忙开始制造自己的望远镜，并在朋友的帮助下拖延对手的仪器，使得他能先把自己的望远镜带到威尼斯。除了将望远镜出售用于航海外，伽利略还对月球和行星进行研究，从而发现了木星的4个卫星。受该观察结果的启发，他开始支持哥白尼关于行星运动的观点，之后还撰写了《关于世界两大体系的对话》一书。尽管他获得了教会支持得以出版此书，但他的言行被认为过于支持日心说（而对教皇造成了侮辱），伽利略遭受审判，并被终身软禁。审判后，他撰写了他的代表作《两门新科学》，总结了他在物质和运动方面的工作。伽利略于1642年在佛罗伦萨去世。

## 艾萨克·牛顿（1643—1727）

1643年*，艾萨克·牛顿出生于英国林肯郡的一个家庭农场。1661年，他去了剑桥大学，但毕业后不久，也就是1665年，剑桥大学因瘟疫暴发而关闭。牛顿困顿在家18个月，但他声称很多日后让他闻名于世的想法都是在这一时期萌生的。1669年他回到剑桥大学任教，成为卢卡斯数学讲座教授。两年后，他向英国皇家学会展示了一种新的反射望远镜，并被选为会员。

随后，他给学会寄去了一篇他的光学论文，其中包含了用三棱镜将白光分解的著名实验，并提出了光的颜色理论和光粒子假说，但这一论文遭到了众多批判，年轻气盛的牛顿一气之下选择退出主流科学。一直到17世纪80年代，天文学家爱德蒙·哈雷才说服他去研究行星运动。哈雷撰写了牛顿关于运动和引力的著作——《自然哲学的数学原理》。1696年，牛顿成为皇家铸币厂的监管者，除了在1704年基于几十年前的工作发表《光学》之外，他几乎没有再进一步从事科学研究。1727年，他在伦敦去世，享年84岁。

*现代日期。牛顿的生日通常被认为是1642年圣诞节，但这是西方旧历，如果以旧历计算，他死于1726年。

## 阿尔伯特·爱因斯坦（1879—1955）

阿尔伯特·爱因斯坦于1879年出生在德国的乌尔姆，他曾是一个叛逆的青年，不喜欢学校严格死板的制度，拒绝接受作为德国公民从事国民服务的要求。16岁时，他退出德国国籍，移居瑞士。经过二次考试，他进入久负盛名的苏黎世理工学院，但他很少上课，只是勉强通过了各科考试。由于无法谋得一份教职，他便在瑞士伯尔尼专利局担任办事员一职。1905年，在专利局工作期间，他发表了4篇杰出的论文，一篇确立了原子的存在，一篇使用"光量子"解决了光电效应问题（为此他获得了诺贝尔物理学奖），两篇建立了狭义相对论，并指出$E=mc^2$。

1909年，他的研究成果开始得到认可，他获得了第一个学术职位，并于1914年成为教授。第二年，他的杰作《广义相对论》出版了，该理论成功地解释了万有引力，也使他成为一位世界巨星。随着纳粹德国的社会政治环境变得越来越严峻，他于1933年移居美国，并在新泽西州普林斯顿新成立的高等研究院任职，此后他一直在那里生活，直到1955年去世，享年76岁。

## 斯蒂芬·霍金（1942—2018）

作为20世纪末至21世纪初最著名的物理学家，斯蒂芬·霍金1942年出生于英国牛津。他曾就读于牛津大学，1962年前往剑桥大学攻读博士学位。除了20世纪70年代在加州理工学院工作的5年时间外，他剩下的时间都是在剑桥大学度过的。霍金专攻广义相对论——爱因斯坦关于引力性质的理论以及由此产生的现象，尤其是黑洞。他最著名的一项研究是预测霍金辐射的存在，但由于这一预测不太可能被观测到，这一成果未能获得诺贝尔物理学奖。

霍金在从事理论研究的同时还扮演了科学传播者的角色，他的《时间简史》出人意料地获得了成功。虽然很多读者只是因为这本书的名气才购买了它却并没有读完，但后来的事实还是证明了它对科学普及和许多物理学家的职业生涯都产生了影响。霍金患有运动神经元疾病，但他存活的时间远超人们对他寿命的预期，这使他获得的社会关注远超绝大多数科学家。霍金于2018年去世，享年76岁。

# 时间线
## 宇宙的形成

**几秒钟后**

急速膨胀停止了，宇宙开始缓慢变大。早期宇宙经历了粒子湮灭成为纯能量的快速阶段。10s内，宇宙主要是能量（以光子形式），随后光子开始产生电离物质。

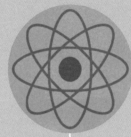

**恒星出现**

气体和尘埃开始形成第一批恒星，在引力的作用下，越来越多的气体和尘埃发生聚集，当恒星的质量足够大时，大约经历了1亿年，这时核聚变开始，恒星开始闪耀。

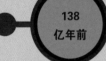

| 138 亿年前 | 10~32s 内 | 137.996 亿年前 | 136 亿年前 |

**大爆炸**

宇宙中的空间和时间由此开始出现。在宇宙大爆炸发生后的极短的时间内，宇宙开始膨胀，在 $10^{-33}$s 内，宇宙经过暴涨，膨胀到最初的 $10^{26}$ 倍大。

**原子形成**

当离子变成原子时，宇宙变得透明了。直到今天，穿过它的第一束电磁波仍然可以被探测到，这第一束电磁波就是宇宙微波背景辐射。

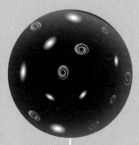

## 银河系

我们所处的星系——银河系，在恒星聚集了大约45亿年之后，开始展露出它带有一条条旋臂似的当前形态。

## 太阳系

当气体和尘埃聚集在一起组成太阳时，太阳系开始形成。再过1亿年后，地球形成，而出现生命的最早时间可能是在地球形成之后的2亿年。

134
亿年前

87
亿年前

60
亿年前

46
亿年前

## 星系

在万有引力作用下，或许还有超大质量黑洞的帮助，恒星聚集成更大的旋转结构，第一批星系形成了。

## 暗能量

暗能量占据支配地位，宇宙开始加速膨胀。虽然暗物质在任意特定地点造成的影响极其微小，但在整个空间范围内，所占能量约相当于宇宙能量的三分之二。

# 真空

**主要概念 |** 在考虑运动和相对性之前，我们需要有一个背景。首先是一个什么都不包含的空间——真空，也就是古希腊哲学家亚里士多德说"自然界厌恶真空"这句话时所指的空间。他说这句话是因为他反对原子理论。原子理论指出，物质是由微小"碎片"组成的，这些碎片被称作"原子"，它是组成物质的最小可能单元。但是，如果这种原子真的存在，那么原子之间的空间部分就只能什么也没有。亚里士多德不能接受固体中充满真空，因此摒弃了原子理论，他的反对理由是，如果真空确实存在，那么在真空中任何东西都不会与飞行中的箭相互作用，所以箭会永远运动而不停止（这是对牛顿第一定律的预言）。在完全的真空中不可能有运动或相对性，运动意味着物质的存在，无论该物质是实物还是光，要运动——准确地说，我们至少需要标准模型中的一个粒子才能产生运动。相对性是关于我们如何定量描述运动的，它不是一个绝对的东西，我们至少需要1个其他粒子，才能知道第一个粒子是如何相对第二个粒子运动的。

**深度探讨** | 在向现代物理学发展的过程中，遇到的最大概念性难题之一，是在地球上生活的我们从未接触过真空，直到真空泵得以发明。在地球上，无论何时何地，任何一个物体运动后，它都不会永远运动下去，而是会减速直到停止，除非它一直被推着。古希腊的哲学家们不得不发明复杂的装置来保持箭在空中飞行，因为他们认为在离开弓之后，必定有某些东西作用在箭上，以保持箭继续飞行，于是他们认为是空气以某种方式拉着箭前进，这跟小车只有在被推或拉的情况下才会继续移动一样。

**焦点** | 要求证明月球之外不存在真空，使亚里士多德和他同时代的学者陷入了窘境。这是因为他们将那个区域视作永恒不变，所以如果其是由4种常规元素——土、气、火、水中的一种或多种构成的，那么它就不可能保持永恒不变。为了避免引入真空，他们不得不构想出了"第五元素"。

原子
p.20。
标准模型
p.106。
牛顿定律
p.130。

# 速率和速度

**主要概念** | 一谈到物体，就要涉及运动。速率（和它的相近词，速度）给了我们衡量物体从一个位置到达另一个位置需要多长时间的方法。速率的存在带来了另外两个概念：距离和时间。在科学中距离以米为单位，时间以秒为单位，都是人为规定的单位。当我们描述一个速率时，我们需要讲清楚这个速率是相对什么测量出来的。例如，当我们说一辆汽车以30m/s的速率行驶时，我们的意思是它相对于地球的速率是这个值。如果小汽车正朝着卡车驶来，都以30m/s的速度行驶，那么小汽车相对于卡车的速度就是60m/s。相比速率，速度带有一个额外的维度——或者从字面理解就是，速度是在特定方向上的速率。例如，一辆速率为30m/s的车，它的速度如果是向北30m/s，这时也可以说它的速度是向南–30m/s。只具有简单数值属性的量称为标量，如速率，而具有类似速度的带有方向属性的则称为矢量。

**深度探讨** ┃ 米最初被定义为从北极经巴黎到赤道距离的一千万分之一。然后很多年，它被定义为标准米尺（米原器）的长度。然而，这依然不够准确，现在米被定义为光在真空中1s内传播距离的1/299 792 458。秒（second）这个单词的由来是因为它是小时的第二级单位［第一级单位为分钟（minute），本意为"小的"］。1min包含60s的定义来自古代苏美尔人，他们的数字系统基于60，而不是我们现在使用的以10为基数。在许多方面，60比10容易处理，因为它可以很方便地被2、3、4、5和6整除。

**焦点** ┃ 一些物理学家认为以光速的分数来表示速率会好得多。这样一来，光速这个重要的宇宙常量就变成了没有单位的1。距离就可以用秒来计算，1s=299 792 458m。唯一的麻烦是日常用的数值会非常小，100km/h会变成0.000 000 093。

# 动量和惯性

**主要概念** ｜ 当物体运动时，它因运动而具有"运动活力"，这种运动活力称为动量。用科学术语来说，动量就是物体的质量乘以它的速度。在一个封闭的系统中，动量就像能量一样是守恒的。例如，当两个物体碰撞时，它们的总动量保持不变。动量和速度都是矢量，有大小和方向，当两个运动方向相反，但动量大小相等的物体正面碰撞后整体动量归零，因为一个物体具有$mv$的动量，而另一物体具有$-mv$的动量，它们动量相加后为零。根据上述所说的动量特点，当我们说汽车撞到墙后停了下来，这听起来似乎是错的。因为碰撞之前，汽车在行驶并具有动量，碰撞之后车停止了，没有动量，动量去哪了？其实动量已经转移到地球上了。地球的运动将会发生（非常）轻微的变化，由于地球的质量比汽车的质量大得多，因此该变化并不明显。在要求不严格的情况下，惯性有时会用来替代动量，但在物理学中惯性这个词指的是运动物体保持原有运动不变的趋势（包含静止的物体保持静止），除非施加外力打破这种趋势。

**深度探讨** | 当物体旋转时我们还会用到动量的一个额外量——角动量，类似于动量守恒，角动量也守恒。动量取决于质量和速度，角动量取决于转动惯量和旋转角速度。转动惯量与质量以及质量到旋转中心的距离有关，这就是为什么当旋转的滑冰者收起手臂时，旋转会更快的原因，因为此时转动惯量因滑冰者身体质量更多地靠近旋转中心而减小，在角动量守恒下，滑冰者的旋转速度增加了。

**焦点** | 动量守恒告诉我们好莱坞电影中出现的人被子弹击中后身体被抛向空中的场景是错误的。步枪子弹的质量约为0.004kg，速度约为1000m/s，形成的动量是4kg·m/s，假设一个成年人的体重为70kg，停在人体内的子弹会使人产生0.06m/s的速度——约为步行速度的5%，该速度不足以把人抛向空中。

质量
p.22。
动能
p.58。
牛顿定律
p.130。

# 力与加速度

**主要概念** | 运动的两个关键因素是力和加速度。加速度是速度随时间的变化率，力是产生加速度的原因。力与加速度的关系由牛顿第二定律给出。对于质量一定的物体，加速度与所施加的力成正比。根据该定律，物体的惯性质量就是简单的力除以加速度。如果你想让某物体运动，当它的质量越大时，它就越难运动。例如，移动一小块木头很容易，移动质量很大的金属保险箱要困难得多。这种阻碍物体开始运动（或阻碍运动物体停止）的特性就是惯性。即使在太空中失重的物体，它们仍然有质量，因此也仍然有惯性，它仍然需要力的作用才能开始运动，与地球上的情形唯一不同之处是没有摩擦力或空气阻力，因此在太空中即使是很小的力也会产生一定的加速度。当力施加到物体上时会产生压强，压强等于力除以力的作用面积。

**深度探讨 |** 压强是由许多微小的力组合而成的，因为受力物体是由许多小原子组成的。当你用手推东西时，力是通过你手上的原子与物体上的原子彼此间的电磁作用来实现力从你的手上传到物体上的。在固体中，这是一个相对简单的效应，因为发生相互作用的原子是彼此连接在一起的。当压强由气体产生时，例如地球表面的大气压，由于气体分子是相互独立的，这种相互作用会更复杂，这时的压强是气体分子大量微小撞击的整体体现。

质量
p.22。
动量与惯性
p.126。
牛顿定律
p.130。

**焦点 |** 因为物体的加速度是物体所受的力除以物体的质量，所以我们的直观感觉是，在下落时质量大的物体加速度应该小才对。但实际上，重力随着物体质量的增大而增大，两者相除后质量抵消了，所以在忽略空气阻力后，地球表面一切事物在重力作用下的加速度都是一样的。

# 牛顿定律

**主要概念** | 牛顿伟大的杰作——《自然哲学的数学原理》（英文名为*Principia*，是该书拉丁名的第一个词）涉及物理学的两个方面：支配物体运动的定律和对引力的数学分析。前者包括3个简单的定律：第一个定律有时也被称为惯性定律，是说运动的物体将以不变的速度继续运动，静止的物体将继续保持静止，直到施加外力后运动状态才会发生改变；第二个定律描述了力对运动状态改变的影响程度，可以表示为力是质量乘以加速度，又因为动量是质量乘以速度，所以第二定律的另一种表达是作用于物体的力等于物体动量随时间的变化率；第三个定律通常被描述为"每一个作用力都有一个与之等大、反向的反作用力"，这意味着，如果你对某物施加一个力，它就会施加一个等大和反向的力给你。这听起来似乎意味着什么都不会发生，但请记住，这两个力是作用在不同的物体上的。因此，如果你推某个物体，物体被加速了，同时如果你没有被固定，那么你也会朝着相反的方向被加速。

**深度探讨 |** 我们可以通过飞机在跑道上的一系列动作来理解牛顿运动定律。刚开始，飞机静止在跑道上，遵循牛顿第一定律。当喷气发动机工作时，燃烧燃料驱动涡轮旋转，发动机吸入空气，加上飞机排气，从发动机的后部喷出，根据牛顿第三定律，产生等大反向的力来推动发动机，进而是整架飞机。牛顿第二定律告诉我们该力作用于飞机并产生了加速度，而牛顿第三定律让你感觉到被推到座位上的同时座位又给了你一个反向向前的推力。

动量和惯性
p.126。
力与加速度
p.128。
狭义相对论
p.138。

**焦点 |** 《纽约时报》在攻击火箭先驱罗伯特·戈达德时错误理解了牛顿第三定律，说火箭不能在太空中飞行，因为"它们（火箭）需要真空以外的其他东西给它们提供反作用力。"报纸认为火箭至少得有空气才能被推进，可实际上，火箭会进行排气，这些向后排出的气体会使无论身在何地的火箭都产生向前的推力。

# 摩擦力

**主要概念** | 由于摩擦力无处不在，古希腊人对运动的理解有所偏差。运动定律决定了我们要么假定一个无摩擦力的理想状态下的简单模型，要么确定在分析物体受力时考虑到那些不怎么明显的力，比如摩擦力与空气阻力。摩擦力是一种由于物体间相互摩擦或者与外界环境间摩擦而产生的阻力，会导致能量以热的形式散失以及运动物体速度逐渐变小。有时，这种热的产生是有益的，比如我们摩擦手心取暖，抑或是划一根火柴。摩擦力部分产生于不同平面上微小、不平整间的相互作用，即使是看起来最光滑的表面也存在这样的微小、不平整，它们导致运动的物体逐渐减速。然而最基本的成因是原子间的电荷吸引。由于摩擦力表现为静摩擦力和动摩擦力两种形式，这导致分析物体受力时更复杂。静摩擦力阻止静止物体的运动趋势，而动摩擦力在运动过程中产生，减小物体的运动速度。通常，与动摩擦力相比，克服静摩擦力需要更大的力。

**深度探讨** | 我们倾向于认为摩擦力是消极负面的，因为对于工程师而言，这种拖拽的效果把动能转化成热，消耗了能量，这也正是我们使用润滑剂帮助接触面相互滑动更顺畅的原因。其实，摩擦力也有积极作用。传统的汽车制动系统通过把动能转化为热，令汽车减速，而在电动汽车中这一浪费性的过程得到了改进，动能不再转化为热而是用于电池的再充电。一个完全没有摩擦力的世界会使得做一切事都变为不可能，试想一下，我们住在一块冰场上，甚至地面比冰面还要滑，这会导致我们不能行走，更不可能捡起任何东西。

**焦点** | 静摩擦力发挥作用的最好例子是帮助壁虎爬上光滑的墙壁甚至玻璃的脚趾。在壁虎每个脚趾上都有数百万个被称为"刚毛"的毛发状细小隆起，这会使其脚趾与墙壁表面的接触面积远大于普通物体，借助原子间轻微的电荷吸引力就使得壁虎能够牢牢吸附在物体表面上了。

键合
p.24。
动能
p.58。
牛顿定律
p.130。

# 流体动力学

**主要概念** | 当我们在学校学习与运动规律有关的知识时，流体很少被提及，这意味着气体和液体流动的方式在非科学家的物理观念中几乎是没有的。然而，这类运动在现实世界中非常重要，无论我们是尝试理解地球的主要系统，比如产生磁场的地球内部熔融态铁核的运动方式，或者洋流如何影响气候，还是解决日常事务，比如为所需的水流或者气流找到正确尺寸的管子等。我们在学校没有被教授这类知识是有原因的，因为其中包括的数学太复杂了。由于流体各部分相互作用的复杂性，很容易导致运动变得混乱。理论上讲，要成功地模拟流体需要把流体划分成很多小部分，在每个小部分上应用牛顿运动定律并观察研究诸如密度、温度、速率以及压力等因素是如何影响总体运动的。虽然有方程——Navier–Stokes方程可以进行处理，但是在实际系统中想要解该方程几乎是不可能的。通常这种方程只能使用计算机近似求解再不断优化。一旦流动变为湍流，计算便变得难以完成，这时只能采用更显著的近似处理了。

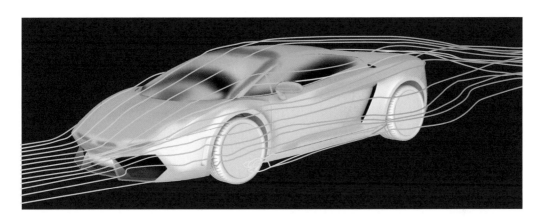

**深度探讨 |** 流体流动具有混沌的一面，这导致处理大量空气流动的天气预报是很困难的，而想要提前超过10天进行合理的预测更是不可能的。混沌数学——具有输入差之毫厘，输出结果谬以千里的特点——开始于一个早期的关于天气预报的计算机程序。美国气象学家爱德华·洛伦兹想要重新进行一次天气预测，所以他重新输入了数据，只是这一次输入的数据来自打印文件，而结果完全不同，分析发现这是由于程序打印出的小数位比电脑所使用的少，这个输入的微小变化导致了完全不一样的预报结果，这正是由流体动力学固有的混沌性所致。

**焦点 |** 在飞行器设计中，掌握流体动力学至关重要。一些大型客机具有翼梢小翼——翼尖的较小延伸。这是因为翼尖在穿过气流时会产生湍流，导致在大气中形成涡流，进而对飞机形成拉拽，而翼梢小翼会将旋转的空气从中切开，减弱了拉拽效应。

固态和液态
p.26。
气体和等离子体
p.28。
牛顿定律
p.130。

# 伽利略相对性

**主要概念** | 我们常把"相对"与爱因斯坦联系在一起，但伽利略才是第一个探究这一物理现象本质的人。相对意味着，当处理运动物体时，我们需要考虑物体相对什么运动。由于地球很大，地球表面很容易被当作一种普遍而固定的东西，然而事实恰恰相反。如果你在家，坐在椅子上读这本书，你很容易得出结论——你是静止的，没有运动，然而根据伽利略相对性观点，实际的意思是你相对于座位，从而也就是相对于地球是不动的，但相对于太空中的一点，你却在以每小时数千千米的速度疾驰，因为你所在的地球正一面自转，一面沿着公转轨道运行。运动都是相对的，我们总是需要建立"参照物"，即我们相对什么来测量运动。你可能在火车上或飞机上读这本书，在此种情况下，你也许会说你真的在动——因为通常我们会把地球表面作为参照物，但是如果相对火车或飞机来说，你却是静止的。

**深度探讨 |** 意识到相对性对运动的重要性，伽利略为此设想了在一艘匀速平稳行进的船中的情形，船没有窗户，并且平稳得貌似没有任何运动。伽利略说，任何布置在船舱中的物理设备都无法探测出船是否在运动。你可以观察钟摆的摆动、物体的降落或从斜面上的滚落，这些物体的运动与你在家中看到的完全相同。这是由于就实验而言，船相对于相关设备是不动的，只有当船加速了，我们才有可能探测到船的运动带来的影响。

**焦点 |** 据说伽利略曾在皮耶迪卢科湖上的一艘快船中验证相对性。他从一个叫斯泰卢蒂的朋友那儿借了把钥匙，将它竖直抛向空中，其他朋友因为担心钥匙落到船后的水里会导致斯泰卢蒂跳水去找钥匙，而不得不按住他，可钥匙最终只掉回到伽利略的腿上，因为相对钥匙而言，船并没有动。

# 狭义相对论

**主要概念** | 1905年，爱因斯坦这时仍只是瑞士伯尔尼专利局的一名办事员，他发表了4篇重要论文，其中一篇涉及狭义相对论，另一篇则是这一理论的一个结果，即$E=mc^2$。狭义相对论将牛顿运动定律与麦克斯韦电磁理论预言的"光在任何介质中均以固定速度（光速）传播"结合起来。狭义相对论意义非凡。作为运动导致的一种结果，原本认为是同时发生的两件事不再是同时发生的了。对两个速度不一样的物体来说，速度快的物体上时间变慢，质量增加，运动方向上的尺寸变小。但我们通常不会感觉到这些变化，因为只有当物体移动得极快时，我们才能比较明显地观察出这一现象。相对论效应已经过多次测试，其中最受瞩目的是时间减慢，这为去未来的时间旅行提供了一种机制。这项实验的首次测试已完成，具体方法是通过让一座高度精确的原子钟绕地球飞行，并将其与留在地面上的相同原子钟进行比较。受狭义相对论影响，先前分立的时间、空间概念，现在要视为一个整体，即"时空"。

**深度探讨** ┃ 运动物体上的时间会变慢，所以如果一个物体离开地球然后返回，由于地球上的时间流逝得更快，这个物体将返回到未来的地球上。一个名为"双生子悖论"的思维实验，将双胞胎中的姐姐放在一艘宇宙飞船中发射出去，而将妹妹留在地球上。当姐姐从太空旅行回来时，根据她自己的感受应该是2050年，而地球实际的时间却是2070年。太空旅行的姐姐穿越到了20年后的未来，比她在地球的妹妹年轻了20岁，之所以会出现这种差异，原因在于飞船上姐姐所经历的剧烈加速和减速过程导致了她的时间穿越。

光速
p.44。
电磁学
p.88。
牛顿定律
p.130。

**焦点** ┃ 与量子物理学不同的是，除了提供卫星导航的GPS卫星需要考虑狭义相对论外，日常生活基本不涉及该理论。GPS卫星相对于地球移动，根据狭义相对论理论，卫星上的时间会变得略慢于地球上的时间，由于GPS通过广播精确的时间信号来工作，因此必须对其时间进行校正（广义相对论也会影响时间，同样需要考虑）。

# 引力

**主要概念 |** 根据牛顿第一定律，一颗在太空中飞行的行星除非受到力的作用否则应继续沿直线飞行。牛顿意识到由于引力会把一个经过它的物体往里拉，就会产生月球沿轨道绕地球转，地球沿轨道绕太阳转的结果。牛顿对这种引力进行了计算，发现它带来的向内加速度，与我们在地球上观察到的物体坠落时的重力加速度具有相同的值。也就是说，重力加速度在地球表面的任意高度都是相同的，它既可以用于物体坠落，也可用于物体的绕轨道运行。牛顿对引力进行了详细的数学论证，显示天文学家观测到的（椭圆形）行星运行轨道是"平方反比定律"导致的，即两个物体之间的引力正比于它们之间距离的平方分之一。牛顿虽然没有明确地以表达式的形式对引力进行表征，但他的工作表明万有引力等于 $Gm_1m_2/r^2$，其中 $G$ 是万有引力常量，$m_1$ 和 $m_2$ 是两个物体的质量，$r$ 是两物体之间的距离。这个简单的公式是绘制行星运动图时必须使用的，几百年后，还将用来引导火箭飞向月球。

**深度探讨** | 牛顿的两个物体之间会相互吸引的万有引力定律，取代了自古希腊时代以来一直占据主导地位的旧有概念。古希腊人认为物质是由水、火、土、气4种元素组成的，其中两种具有重力（土和水），倾向于向宇宙中心运动；两种具有浮力（气和火），倾向于远离宇宙中心运动。以太阳而不是地球为宇宙中心的哥白尼宇宙模型在牛顿时代已经深入人心，旧的"重力和浮力"概念也不再适用了。

**焦点** | 当牛顿发表关于引力的著述时，受到了一些同时代人的嘲笑，因为他竟然说在地球和月球之间存在着一种"神秘的吸引力"。"吸引力"这个词现在看来很平常，但牛顿在使用它时，它只适用于人与人之间的吸引。所以，牛顿使用这个词看起来是在说月球发现地球很美。

# 广义相对论

**主要概念** | 狭义相对论本身是一项重要的工作成果，但它未能涵盖所有类型的加速物体。受"自由落体中的物体不会感觉到自己的重量"这一启示，爱因斯坦意识到这意味着引力和加速度之间存在着等价关系。如果你坐在地球表面的一艘宇宙飞船上，你能感觉自己受到了地球的引力，但你可能无法区分地球产生的引力和加速飞行的飞船产生1g加速度有什么差异。一个简单的思维实验显示了这种等价关系意味着引力扭曲了时空。想象飞船内部有一横向传播的光束，当飞船纵向加速时，光束不只有横向的速度，还相对飞船产生了纵向的速度，以飞船为参照系来看，光束发生了弯曲。但如果引力和加速度等价，引力也将引起光束弯曲。广义相对论的数学超出了爱因斯坦的能力范围，他只好求助于他人，才得以把涉及弯曲空间几何的公式组合起来，从而为广义相对论建立了方程。虽然与牛顿理论的数学描述有微妙的不同，但广义相对论方程整合了等效原理、广义相对性原理等4种要素，它所描述的引力行为与我们的观测精确一致，更重要的是它给出了引力产生的原因。

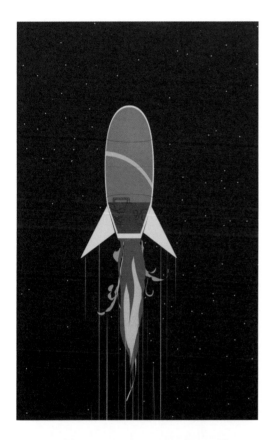

**深度探讨** | 空间弯曲可以产生一个轨道，这是我们很容易就有的想法。想象一下，把一块绷紧的橡胶板视为空间，在上面画的直线就是行星的轨迹了。如果把一个保龄球放在这张橡胶板上，像重物会扭曲空间一样，橡胶板发生了扭曲，原来的直线就会变成绕保龄球的曲线，但这不能用来解释下落的物体。如果此时还存在引力，这些物体会沿着橡胶板向保龄球滚去，如此就引发了一个循环问题，那就是引力如何产生。物体下落是因为质量不只扭曲了空间，还扭曲了时间——时间位置的改变实际上变成了空间位置的改变，也就是说质量扭曲了时空。

**焦点** | 人在国际空间站上感觉不到自己的重量，这并不表示是零重力，事实上在那个高度所受到的重力大约是地球表面的90%。实际上，在国际空间站上的人是向着地球处于自由落体状态的，只是人随着国际空间站绕地球旋转的加速度，与重力相抵消了（也就是重力提供了圆周运动所需的向心力）。同样，国际空间站也是一边有坠落趋势，一边做圆周运动（即国际空间站的运行轨道）的，如此它才会与地球"失之交臂"。

# 黑洞

**主要概念** | 在爱因斯坦发表他的广义相对论的几个月内，另一位德国物理学家卡尔·史瓦西就求解出了在非旋转球体的极简条件下相对论方程的解。计算结果显示，如果该球体密度足够大，那么存在一个距球心的特定长度，后被称为Schwarzschild半径，在这个半径内，时空会极度扭曲，以至于任何东西，包括光都无法逃脱。该半径形成的球面被称为黑洞事件的视界。英国自然哲学家约翰·米歇尔在18世纪出于不同的原因提出了"黑洞"这一概念，但史瓦西的"黑洞"却源自引力的性质。黑洞现象，当时未经证实，只是人们的一种猜想，将之命名为"黑洞"的人已无据可考，后由美国物理学家约翰·惠勒推广给了大众。惠勒和霍金是思考黑洞理论和其他引力奇异现象（如虫洞）的领导者之一。到20世纪末，有强有力的证据表明黑洞确实存在，虽然无法直接观察到它们，却可以通过它们对周围环境的影响来间接观察。超大质量黑洞看起来形成了大多数星系的中心，而近来使用"引力波"（爱因斯坦在1916年预测了引力波存在）探测到了黑洞间的碰撞。

**深度探讨** ┃ 当黑洞碰撞时，它们在时空中产生以光速向外传播的引力波，虽然大质量物体的移动也都应该能做到这一点，但通常的强度都很小而难以被察觉。爱因斯坦预言了引力波的存在，但同时也认为，由于引力波非常微弱，可能永远不会被发现。50多年来，科学家们一直在寻找引力波，直到2015年，利用美国激光干涉引力波天文台观测站（LIGO）的一对巨型探测器发现了黑洞碰撞产生的引力波涟漪。花了这么长时间完全在意料之中，因为为了找到该波，这些设备必须能探测到干涉用镜面的微小位移，而这个微小位移只有原子核直径的1/100。

**焦点** ┃ 1783年，米歇尔对逃逸速度的思考促成他预言了黑洞的存在。逃逸速度是脱离物体表面所需的速度。任何以大于11.19km/s的速度从地球上竖直飞出的物体都会脱离地球引力束缚而飞出地球，但如果速度小一些，它就会落回地面。米歇尔由此认为应该存在某些高密度天体，其逃逸速度大于光速。

引力
p.140。
广义相对论
p.142。
宇宙模型
p.146。

# 宇宙模型

**主要概念｜**虽然爱因斯坦广义相对论方程组的第一个求解对象是一个简单的非旋转球体，但理论物理学家们很快就准备把该理论应用到整个宇宙中。很明显，对宇宙中的每一颗恒星进行建模就像绘制气体中每个原子的运动一样是不可能的，但爱因斯坦在1917年首次提出了一个简单的宇宙模型。然而，他很快意识到一个问题：如果按照当时的观点，宇宙是稳定的，既不收缩，也不膨胀，那么散落在宇宙中的所有物质彼此之间的相互吸引，必将导致宇宙的不稳定，它将不断收缩，直至崩溃。所以为了保持宇宙稳定，爱因斯坦在他的方程中额外增加了一个称为宇宙常数的部分。到了20世纪20年代，人们发现宇宙实际上是在膨胀，于是俄罗斯宇宙学家亚历山大·弗里德曼发展了另一种模型就不再需要这个常数了。爱因斯坦将这个常数称为自己"最大的错误"。另一位比利时宇宙学家乔治·勒梅特的工作，则成为膨胀宇宙"大爆炸"模型的核心，而截至目前，该模型仍在使用。但后来，爱因斯坦的这个常数被证明终究不是一个错误，它在20世纪90年代被重新使用，因为当时人们发现宇宙的膨胀速度超过了预期，其动力来自一种叫作"暗能量"的未知机制。

**深度探讨** | 宇宙膨胀是根据美国天文学家埃德温·哈勃提供的数据推断出来的。哈勃首先计算了地球与其他星系的距离，并表明它们并不像许多人想象的那样，只简单地是银河系的一部分。他也注意到星系越远，它们的红移程度就越高。所谓红移是一种光学效应，指的是当物体远离时，测得物体的光波长会增加，光的颜色会向光的红色端移动。正是哈勃的分析结果——利用美国天文学家亨丽爱塔·斯旺·勒维特发现并证明的变星可以作为距离的测量手段，即所谓的标准烛光法奠定了宇宙膨胀的思想，从而宇宙才得以从"一声巨响"中开启新生。

**焦点** | 宇宙因天体间的相互吸引而崩塌的想法并不新鲜。牛顿曾考虑过这一点，并认为这意味着宇宙是无限和均匀的，因此没有任何恒星会感觉到向内比向外有更大的拉力。任何恒星的轻微移动，都将引发整个宇宙的不稳定，如果真的有一颗恒星由于受到各方的引力不均，出现了这种移动呢？牛顿说，万能的上帝会把这颗星球拨转回原位的。

# 术语

**反物质**——物质的另一种形式，与普通物质相比，组成粒子具有相反电性，或其他量子性质不同。当物质和反物质粒子碰撞后转化为纯能量。

**原子**——元素在保留化学性质的情况下可被分成的最小部分。最初人们认为原子是最小的基本粒子（名字的意思是"不可切割"），但现在我们知道原子有内部结构。

**电荷**——一种粒子的特性。通常指的是电性，它有正负两种"极性"。在夸克被发现之前，人们认为电荷的基本单位是电子（–1）或质子（+1），而夸克的电荷是+1/3（或–1/3）。还有其他的电荷属性，比如夸克的色荷。

**暗能量**——一种未知的能量源，导致宇宙加速膨胀。如果我们把宇宙中所有的物质量和能量加起来，暗能量大约占宇宙总量的68%。

**暗物质**——一种假设的物质类型，它通过引力而非电磁相互作用，因此它是不可见的，并且可以穿过普通物质。可用来解释像星系这样的大天体的行为，即天体中的物质数量好像比最初设想的要多得多。如果暗物质真的存在，其数量大约是普通物质的5倍，约占宇宙总量的27%。然而，也有一些物理学家认为暗物质并不存在，所谓的暗物质作用其实是由星系尺度上引力的变化引起的。

**密度**——物质在一定体积内的质量。密度越大，相同体积物体的质量就越大。

**电磁学**——研究电和磁相互作用的物理学科。电、磁两种现象，自古为人所知，但直到19世纪，人们才发现二者之间的紧密联系，从而诞生了电磁学这一整合学科。

**电子**——构成物质的基本粒子，也是第一个被发现的原子组成部分。原子周围电子的分布决定了该元素的化学性质，此外，电子定向移动形成了电流。

**元素**——所有的物质都是由一定量的化学元素组成的。自然界中大约有94种，还有一些是人工制造的。每一种元素都由相同的原子组成，具有相同的质子和电子结构，但可以有不同数量的中子，从而产生同位素，即化学性质相同但质量不同的原子。

148

能量——使事情发生（做功）并以热、运动（动能）等形式存在的自然现象。能量和物质是可互换的，孤立空间中能量和物质的总量始终保持不变。

熵——系统无序程度的量度。无序度越大，熵越高。一个孤立系统的总熵将保持不变或增加。来自外界的能量可以用来降低系统内部的熵。

场——时空中任意一点具有一定数值的物理现象，其在一定范围内会产生明显的作用，例如磁铁周围的磁场或行星周围的引力场。

核裂变——重核分裂成两个或更多部分并释放能量的现象。分裂可能是自发的，也可能是与其他粒子撞击后发生的。核裂变是目前核能的主要来源，也被用于制造核武器。

频率——当一种现象有规律地发生时，例如一个波，它的频率是1s内经历循环并返回初始状态的次数。频率以赫兹（Hz）为单位，一个200Hz的声波在1s内会经历200个完整的循环。

核聚变——两个或两个以上较轻原子的原子核结合在一起形成一个较重的原子核，并同时释放能量的过程。这是恒星的动力源，因为它能产生清洁的核能，也可用于实验性核反应堆。核聚变也应用在热核武器或氢弹中。

胶子——一种无质量的粒子，它将构成质子、中子和其他一些复合粒子的夸克粒子"黏合"在一起。

热机——把热量转化为机械功的装置。最初专指蒸汽机，内燃机和发电站使用的涡轮机也是热机。

惯性——运动物体保持运动状态不变的趋势，除非有其他物体作用于它，使之减速或加速。

干涉——两个波的相互叠加效应。如果（满足相干条件）两个波在某点振动方向相同，它们叠加在一起就会产生振幅更大的波。同样，如果它们在某点的振动方向相反，就会相互抵消。这就是所谓的干涉。

**离子**——原子失去一个或多个电子成为带正电的阳离子，或者获得一个或多个电子成为带负电的阴离子。

**质量**——物体中物质数量的量度。质量决定了物体在特定的力或重力作用下获得的加速度大小。

**物质**——构成固体、液体和气体的东西。物质是由原子组成的，原子可以结合在一起形成分子。

**力学**——物理学的一个领域，研究物体的运动，以及当外力作用于物体时其运动状态如何改变。

**分子**——两个或两个以上的原子结合在一起，构成很多物体的最小组分。在某些情况下，分子可由同一种元素的原子构成，但通常分子是由多种元素的原子构成的。

**动量**——物体质量与速度的乘积，是一个用于表示物体运动量的值。

**原子核**——原子内部很小的中心部分，包含了原子的绝大部分质量，由质子和中子组成。

**中微子**——一种非常轻的粒子，通常在核反应中产生，与普通物质粒子几乎没有相互作用。

**中子**——构成原子核的两种粒子之一，与质子一起构成原子质量的大部分。中子没有电荷。

**粒子**——自然界中微小的组成部分，构成物质和其他的自然现象，如光。一些粒子，如电子和光子，由于无法再分而被认为是基本粒子。而其他粒子，如质子和中子，则是由更小的粒子组成的。

**光子**——光的粒子。很久以来，光被认为是一种波，但量子理论表明，它既可以作为一种粒子，也可以作为一种波，但不能同时表现出这两种特性。

**等离子体**——由离子而不是原子或分子组成的气体。等离子体通常被称作是物质的第四种状态，它是很好的导电体，并且构成了宇宙中大部分的物质，因为恒星主要是等离子体。

**正电子**——电子的反粒子。这种反物质粒子就像一个电子，但带有正电荷而不是负电荷。

**概率**——某事件发生的数学概率。概率论在量子物理学中很重要，例如，在量子物理学中，粒子通常没有明确的位置，在与其他粒子相互作用之前，它以在一系列位置的概率形式而存在。

**质子**——构成原子核的两种粒子之一，与中子一起构成原子质量的大部分。质子带正电，电量和电子一样（但电性相反）。

**量子**——某种东西的数量。量子物理以量子为思想基础，它指的是量子现象通常以"具有最小尺寸的"粒子形式呈现，而不是尺寸连续可变的某种事物。

**夸克**——构成物质的基本粒子，一共有6种夸克，不同夸克组成诸如质子、中子等粒子。

**系统**——在物理学的背景下，系统是指一个特定体积空间内的全部内容。一个孤立的系统不与外界的物质或能量有相互作用，而一个开放的系统则可以。

**热平衡**——热在系统的不同部分之间流动却又彼此相消，任何方向都没有净热量的流动。

**真空**——不含（或含量极少）物质的空间。

**体积**——一个物体占据的三维空间量。

**波**——物质或场的周期性重复振荡，波可携带能量。

**波长**——波中振动状态完全相同的两个相邻点之间的距离。

**重量**——由于重力作用在具有特定质量的物体上的力。如果你在月球表面，你的体重会减少到正常值的1/6，但你的质量不会改变。

**功**——在力的作用下发生改变时所涉及的能量。

# 延伸阅读

## 图书

（以英文原名为准，译名仅供参考）

### ● 普通物理

*The Edge of Physics*（《物理学的边缘》），探索物理学中最奇怪和最美妙的内容。

*Higgs*（《希格斯粒子》），发现希格斯玻色子的迷人故事，介绍了希格斯玻色子是什么以及它为什么如此重要。

*Mass*（《质量》），详细论述了物质的本质，特别是物质的质量性质，讨论范围从量子理论到广义相对论。

*From Eternity to Here*（《从永恒到眼前》），这是一本晦涩难懂的书，探讨了本应该在《时间简史》中讨论的关于时间和熵的本质。

*Light Years*（《光年》），讲述了人类与光之间的关系以及背后的物理学。

*The Story of Astronomy*（《天文学的故事》），关于最古老的物理科学的历史，讲

得非常好。

*Surely You're Joking, Mr. Feynman!*（《你在开玩笑吧，费曼先生！》），20世纪最富传奇色彩的物理学家理查德·费曼的自传体故事，讲述了包括曼哈顿计划在内的物理学的发展。

*Inventing Reality*（《发明现实》），一本不太好懂的书，关于物理本质及其与现实世界关系的权威著作。

*Physics of the Impossible*（《不可能的物理学》），使科幻成为可能的物理学最佳解释。

*Physics for Future Presidents*（《未来总统的物理学》），通往物理学的另外一个令人着迷的方法，看看未来的美国总统应该知道什么。

*Seven Brief Lessons on Physics*（《七堂简明物理课》），七篇短文介绍了现代物理学的一些最引人注目的方面，包括罗维利特征、环量子引力等。

*Time Reborn*（《时间重生》），许多物理

学家喜欢说时间不存在——本书这个吸引人的标题便解释了他们为什么会这么说，但也同时显示了将时间作为一种虚幻的思想本身就是错误的。

*Astrophysics for People in a Hurry*（《天体物理学是为珍惜时间的人准备的》），天文学家通过电视所做的、极为通俗易懂的天体物理学介绍。

*To Explain the World*（《解释世界》），这位诺贝尔物理学奖获得者把物理学放在了科学发明的背景下。

● 量子物理学

*Beyond Weird*（《不再难以理解》），对量子物理学不同解释的探索。

*Crash CourseCourse: Quantum Physics*（《极简量子理论：52堂通识速成课》），专门讲述量子物理学。

*The God Effect*（《上帝效应》），深入研究量子纠缠，这个物理学中最奇怪的领域，它能使粒子在任何距离上即时通信。

*The Quantum Age*（《量子时代》），详细报道量子物理学的应用，从电子工业到磁共振扫描仪，以及它们背后的物理学。

*Neutrino*（《中微子》），探索不可捉摸的量子粒子——中微子的故事，中微子在核反应中处于核心地位。

*The Strangest Man*（《最奇怪的人》），量子物理学家保罗·狄拉克的传记，详细介绍了量子理论的历史。

*QED*（《量子电动力学》），物理学家费曼对量子电动力学的介绍，量子电动力学是关于光和物质相互作用的量子物理学，费曼凭此成就荣获诺贝尔物理学奖。

● **相对论**

*The Ascent of Gravity*（《引力的上升》），对引力性质和广义相对论的高水平介绍。

*How to Build a Time Machine*（《如何建造时间机器》），狭义相对论和广义相对论如何使时间旅行成为可能。

*The Reality Frame*（《现实框架》），在人与宇宙关系的广阔背景下，探索伽利略相对性、狭义相对论和广义相对论。

*Einstein: His Life and Universe*（《爱因斯坦：他的生命和宇宙》），众多知名的现代物理学家都拥有科学传记，但很少有能与之匹敌者。

*Gravity's Engines*（《引力的发动机》），对黑洞的性质以及它们如何塑造星系的动人描述。

# 网站

APS物理

www.aps.org

美国物理学会网站

新科学家

www.newscientist.com/subject/physics

新科学家网站的物理部分

物理

www.physics.org

来自物理研究所的网络物理中心

物理世界

www.physicsworld.com

物理世界杂志网站

科普书评

www.popularscience.co.uk

科普图书的书评网站，有超过200个物理主题

科学美国—物理学

www.scientificsamerican.com/physics

科学美国网站的物理部分

# 索引

# 作者简介

**布里安·克莱格**

布里安·克莱格，剑桥大学自然科学硕士、兰卡斯特大学运筹学硕士，曾在英国航空公司工作17年，之后成立了自己的创意培训公司。目前是一名全职科普作家，发表了《愤怒的简史》《量子时代》等30多篇论文，并为《华尔街日报》和《BBC聚焦》杂志撰稿。

# 致谢

感谢吉利恩、丽贝卡和切尔茜。
感谢所有为本书的出版付出辛勤工作的人，特别是卡罗琳·厄尔和汤姆·基奇。
感谢剑桥大学将我从研究化学转向研究物理学。

## 图片使用说明

The publisher would like to thank the following for permission to reproduce copyright material:

Alamy 17TR.

Clipart 50BL, 52BL, 52 TR.

Getty Images/Bettmann: 16TR, 85BL, 85TR; Hulton Archive/Stringer: 51TR; Photo12: 17BL; Science & Society Picture Library: 51BL.

Ivy Press/Andrea Ucini: 1, 3, 7, 9 14, 15, 23, 27, 29, 31, 33, 35, 37, 39, 41, 45, 48, 49, 52TL, 53TR, 53BL, 53BR, .55, 57, 59, 61, 63, 65, 67, 69, 71, 75, 75, 77, 79, 82, 83, 86TL, 86TR, 86BL, 86BR, 87TL, 87TR, 89, 91, 93, 95, 97, 101, 103, 107, 109, 111, 113, 116, 117, 120TR, 120BR, 121TR, 121BR, 123, 125, 127, 129, 131, 133, 137, 139, 141, 143, 145, 147.

Ivy Press/Nick Rowland: 18TR, 19TC, 19BR, 21, 25, 43, 53TL, 87BL, 87BR, 99, 105, 135.

Library of Congress, Washington D.C. 16BL, 118BL, 119BL.

Shutterstock/Alex Mit: 121BL; Designua: 19BL, 121TL; Georgios Kollidas: 118TR; IgorZh: 120TL; Morphart Creation: 52BR; Sergey Nivens: 120BL; Twocoms: 119TR.

Wellcome Collection/CC BY 4.0: 18BC, 50TR, 84BL, 84TR.

All reasonable efforts have been made to trace copyright holders and to obtain their permission for the use of copyright material. The publisher apologizes for any errors
or omissions in the list above and will gratefully incorporate any corrections
in future reprints if notified.